STM32 单片机编程开发实战

主　编　李　鹤　贾　婷
副主编　刘寅生　拓明文　徐建军
　　　　毕佳明
参　编　张文静　罗吉男　张桂平
　　　　白士宇　姜德文

北京理工大学出版社
BEIJING INSTITUTE OF TECHNOLOGY PRESS

内 容 简 介

本书以 ARM Cortex-M3 内核的 STTM32F103 单片机作为讲述对象,通过任务驱动的方法融合相关知识点,学生通过这些任务的训练,能够快速地掌握 STM32 单片机的知识与技能,使之具有应用单片机解决实际项目开发的能力。主要任务包括认识单片机软硬件开发环境、节日彩灯设计、串口通信和 LCD 显示的应用、家居红外报警系统、智能电子时钟、超声波倒车雷达、智能台灯等项目。

本书可作为大学本科、高职高专通信工程类、电子信息类、计算机及其自动控制类相关专业的教材,也可作为参加电子设计竞赛、机器人竞赛的学生与指导教师、单片机爱好者及从事单片机产品开发的工程技术人员的参考用书。

版权专有　侵权必究

图书在版编目(C I P)数据

STM32 单片机编程开发实战 / 李鹤,贾婷主编. --
北京:北京理工大学出版社,2022.3
ISBN 978-7-5763-1184-6

Ⅰ. ①S… Ⅱ. ①李… ②贾… Ⅲ. ①单片微型计算机
Ⅳ. ①TP368.1

中国版本图书馆 CIP 数据核字(2022)第 049981 号

出版发行 / 北京理工大学出版社有限责任公司		
社　　址 / 北京市海淀区中关村南大街 5 号		
邮　　编 / 100081		
电　　话 / (010)68914775(总编室)		
(010)82562903(教材售后服务热线)		
(010)68944723(其他图书服务热线)		
网　　址 / http://www.bitpress.com.cn		
经　　销 / 全国各地新华书店		
印　　刷 / 三河市天利华印刷装订有限公司		
开　　本 / 787 毫米×1092 毫米　1/16		
印　　张 / 12		责任编辑 / 王玲玲
字　　数 / 282 千字		文案编辑 / 王玲玲
版　　次 / 2022 年 3 月第 1 版　2022 年 3 月第 1 次印刷		责任校对 / 刘亚男
定　　价 / 82.00 元		责任印制 / 李志强

前　言

FOREWORD

单片机与接口技术课程是普通高等院校电气工程及其自动化、自动化、通信工程专业及电气专升本的一门重要专业基础课，是培养本专业应用型人才的核心课程。以此课程为平台将各专业的专业技术、技能搭接起来，使各专业的专业目标得以具体实现。

本书是项目教学教材，以项目驱动课程的学习，由浅入深地将知识点融入项目中，以提出问题、分析问题、解决问题的方式使学生掌握 STM32 单片机原理与应用的基本知识，获得 STM32 单片机应用系统设计的基本理论与基本技能，掌握 STM32 单片机应用系统各主要环节的设计、调试方法及开发步骤，培养学生分析问题、解决问题的综合能力，为学生学习后续课程及毕业后从事与单片机应用技术相关工作岗位打下坚实基础。

本书由李鹤和贾婷主编。其中，项目 1~5 由沈阳工学院李鹤和贾婷编写，项目 6 由沈阳理工大学刘寅生编写，项目 7~9 由沈阳工学院拓明文、徐建军、毕佳明编写，沈阳工学院张文静、罗吉男、张桂平、白士宇、姜德文参与编写项目 9 部分内容。全书由李鹤统稿。

由于编者经验不足，编写水平和业务水平有限，书中难免有不当之处，恳请各院校师生和广大读者批评指正。

编　者

目 录

CONTENTS

项目 1　绪　　论

1.1　嵌入式系统介绍

　　嵌入式系统是指嵌入工程对象中能够完成特定功能的计算机系统。嵌入式系统嵌入对象系统中，并在对象环境下运行。与对象领域相关的操作主要是对外界物理参数的采集、处理，对对象实现控制，并与操作者进行人机交互等。

　　与通用计算机系统相比，嵌入式系统有对其功能的特殊要求和成本的特殊考虑，从而形成了嵌入式系统在高、中、低端系统三个层次共存的局面。在低端嵌入式系统中，8 位单片机从 20 世纪 70 年代初期诞生至今，一直在工业生产和日常生活中广泛使用。近些年，中端的 16 位单片机已应用于汽车电子、工业自动化等领域。鉴于嵌入式系统应用的巨大市场，可以预测，8 位单片机、16 位单片机仍然是嵌入式应用中的主流机型，而高端的 32 位单片机正逐渐进入工业生产和日常生活领域。下面以 ARM Cortex-M3 系列处理器为例进行详细介绍。

　　ARM 即 Advanced RISC Machines 的缩写，既可以认为是个公司的名字，也可以认为是对一类微处理器的通称，还可以认为是一种技术的名字。1985 年 4 月 26 日，第一个 ARM 原型在英国剑桥的 Acorn 计算机有限公司诞生，由美国加州 San Jose VLSI 技术公司制造。20 世纪 80 年代后期，ARM 很快应用于 Acorn 的台式机产品。20 世纪 90 年代初，ARM 公司在英国剑桥成立，设计了大量高性能、廉价、低耗能的 RISC（Reduced Instruction Set Computer）处理器、相关技术及软件。ARM 公司既不生产芯片，也不销售芯片，它只出售芯片技术授权，因此叫作 Chipless 公司。

　　世界各大半导体生产商从 ARM 公司购买其设计的 ARM 微处理器核，根据各自不同的应用领域，加入适当的外围电路，从而形成自己的 ARM 微处理器芯片进入市场。利用这种合伙关系，ARM 很快成为许多全球性 RISC 标准的缔造者。目前，采用 ARM 技术知识产权

（Intellectual Property，IP）的微处理器，已遍及工业控制、消费类电子产品、通信系统、网络系统、DSP、无线移动应用等各类产品市场，在低功耗、低成本、高性能的嵌入式系统应用领域中处于领先地位。

ARM Cortex 系列处理器是基于 ARM v7 架构的，分为 Cortex-A、Cortex-R 和 Cortex-M 三类。在命名方式上，基于 ARM v7 架构的 ARM 处理器已经不再沿用过去的数字命名方式，如 ARM7、ARM9、ARM11，而是冠以 Cortex 的代号。基于 v7A 的称为"Cortex-A 系列"，基于 v7R 的称为"Cortex-R 系列"，基于 v7M 的称为"Cortex-M 系列"。

其中，ARM Cortex-A 系列主要用于高性能（Advance）场合，是用于包括 Linux、Windows CE 和 Symbian 操作系统在内的娱乐消费和无线电子产品的设计与实现；ARM Cortex-R 系列主要用于实时性（Real time）要求较高的场合，用于需要运行实时操作系统来进行应用控制的场合，包括汽车电子、网络和影像系统；ARM Cortex-M 系列则主要用于微控制器单片机（MCU）领域，针对那些既对功耗和成本非常敏感，同时对性能有所要求的嵌入式应用（如微控制器系统、汽车电子与车身控制系统、各种家电、工业控制、医疗器械、玩具和无线网络等）。随着在各个领域应用需求的不断增加，微处理器市场也在趋于多样化。为了适应市场的发展变化，基于 ARM v7 架构的处理器将不断拓展自己的应用领域。

Cortex-M3 是一个 32 位的单片机核，在传统的单片机领域中，有一些不同于通用 32 位 CPU 应用的要求。例如，在工控领域，用户需要更快的中断速度，Cortex-M3 采用了抢占（Pre-emption）、尾链（Tail-chaining）、迟到（Late-arriving）中断技术，对中断事件的响应更迅速。比如，尾链技术完全基于硬件进行中断处理，最多可减少 12 个时钟周期数，背对背中断之间的延时时间、低功耗模式的唤醒时间只有 6 个时钟周期。特别适用于汽车电子和无线通信领域。

ARM Cortex-M3 处理器结合了多种创新性突破技术，使得芯片供应商可以提供超低费用的芯片。仅有 33 000 门的 M3 内核，其性能可达 1.25 DMIPS/MHz，如主频为 72 MHz 的 M3 处理器性能可达 90 DMIPS。M3 处理器还集成了许多紧耦合系统外设，合理利用了芯片空间，使系统能满足下一代产品的控制需求。Cortex 的优势在于低功耗、低成本、高性能的结合。

ARM 的 Cortex™-M3 处理器是最新一代的嵌入式 ARM 处理器，它为实现 MCU 的需要提供了低成本的平台、缩减的引脚数目、降低的系统功耗，同时，提供卓越的计算性能和先进的中断系统响应。

ARM 的 Cortex™-M3 是 32 位的 RISC 处理器，提供额外的代码效率，在通常 8 位和 16 位系统的存储空间上发挥了 ARM 内核的高性能。

STM32F103xC、STM32F103xD 和 STM32F103xE 增强型系列拥有内置的 ARM 核心，因此它与所有的 ARM 工具和软件兼容。

1.2　什么是单片机

单片机又称单片微控制器，它不是完成某一个逻辑功能的芯片，而是把一个计算机系统集成到一个芯片上，相当于一个微型的计算机。和计算机相比，单片机只缺少了 I/O 设备。概括地讲，一块芯片就成了一台计算机。它的体积小、质量轻、价格便宜，为学习、应用和开发提供了便利条件。同时，学习使用单片机是了解计算机原理与结构的最佳选择。

1. 单片机的结构

单片机内部主要模块为 CPU、特殊功能寄存器、累加器、内存 RAM、程序存储器 ROM（FLASH）、定时器、数据总线、地址总线、异步串行收发器。这些是基本的，也是单片机能运行起来必需的部件。其他例如一些专用的串行通信接口、模/数转换器、数/模转换器、显示控制器等等都是不同厂家针对不同场合需要来嵌在里面的。

2. 单片机的用途

与经常使用的个人计算机、笔记本电脑相比，单片机的功能很少，但实际生活中并不是任何需要计算机的场合都要求计算机有很高的性能，如空调温度控制、彩灯闪烁控制等都不需要很复杂、很高级的计算机处理。应用的关键是看是否够用，是否有很好的性价比。

单片机凭借体积小、质量小、价格低廉等优势，已经渗透到生活的各个领域：导弹的导航装置、飞机上各种仪表的控制、工业自动化过程的实时控制和数据处理、广泛使用的各种智能 IC 卡、小汽车的安全保障系统、录像机、摄像机、全自动洗衣机、程控玩具、电子宠物等，更不用说自动控制领域的机器人、智能仪表和医疗器械了。因此，单片机的学习、开发与应用将造就一批计算机应用、嵌入式系统设计与智能化控制的科学家、工程师，是成为电子与嵌入式系统工程师必须掌握的基本技能。

3. 单片机的优势

①高集成度，体积小，高可靠性。

单片机将各功能部件集成在一块晶体芯片上，集成度很高，体积自然也是最小的。芯片本身是按工业测控环境要求设计的，内部布线很短，其抗工业噪声性能优于一般通用的 CPU。单片机程序指令、常数及表格等固化在 ROM 中不易破坏，许多信号通道均在一个芯片内，故可靠性高。

②控制功能强。

为了满足对对象的控制要求，单片机的指令系统均有极丰富的条件：分支转移能力，I/O 口的逻辑操作及位处理能力，非常适用于专门的控制功能。

③低电压，低功耗，便于生产便携式产品。

为了满足广泛使用于便携式系统，许多单片机内的工作电压仅为 1.8~3.6 V，而工作电流仅为数百微安。

④易扩展。

片内具有计算机正常运行所必需的部件。芯片外部有许多供扩展用的三总线及并行、串行输入/输出管脚，很容易构成各种规模的计算机应用系统。

⑤优异的性能价格比。

单片机的性能极高。为了提高速度和运行效率，单片机已开始使用 RISC 流水线和 DSP 等技术。单片机的寻址能力也已突破 64 KB 的限制，有的已达到 1 MB 和 16 MB，片内的 ROM 容量可达 62 MB，RAM 容量则可达 2 MB。由于单片机的广泛使用，因而销量极大，各大公司的商业竞争更使其价格十分低廉，其性能价格比极高。

1.3 单片机最小系统电路

单片机最小系统，是指能够使得单片机正常运行程序，由所需的最少器件所构成的电路板。一个单片机开发板，就是"单片机+外围芯片"。开发板需要做哪些功能，完全由使用者自己决定。使用者可以只做一个只有单片机的开发板，即所谓的最小系统板，也可以把单片机所有的功能全部做上，类似于基于 STM32 单片机开发的实验箱。

通常 STM32 单片机的最小系统由晶振电路、复位电路、电源电路、程序烧录电路几部分构成，本书中使用的 STM32F103ZET6 最小系统开发板硬件资源包括：

①STM32F103ZET6 主芯片一片。

②贴片 8 MHz 晶振一个（通过芯片内部 PLL 最高达 72 MHz），符合 ST 官方标准参数。

③LM1117-3.3 V 稳压芯片一个，最大提供 800 mA 电流。

④一路迷你 USB 接口，可以给系统板供电，预留 USB 通信功能。

⑤复位按键一个。

⑥标准 JTAG 下载口一个，支持 JLink、STLink。

⑦BOOT 选择端口一处。

⑧I/O 扩展排针 28 pin×4。

⑨电源指示灯 1 个。

⑩功能指示灯 1 个，用于验证 I/O 口基本功能（PA2）。

⑪预留串口下载接口，方便和 5 V 开发板连接，用串口即可下载程序。

⑫尺寸：86.2 mm×73.7 mm。

⑬高性能爱普生 32.768 kHz 晶振，价格是直插晶振的 10 倍，易起振。

⑭64 KB RAM，512 KB ROM，TQFP48 封装。

STM32F103ZET6 最小系统开发板示意图如图 1.1 所示。

STM32F103xE 增强型系列使用高性能的 ARM © Cortex™-M3 32 位的 RISC 内核，工作频率为 72 MHz，内置高速存储器（高达 512 KB 的闪存和 64 KB 的 SRAM），丰富的增强 I/O 端口和连接到 2 条 APB 总线的外设。所有型号的器件都包含 3 个 12 位的 ADC、4 个通用 16 位定时器和 2 个 PWM 定时器，还包含标准和先进的通信接口：多达 2 个 I^2C 接口、3 个 SPI 接口、2 个 I^2S 接口、1 个 SDIO 接口、5 个 USART 接口、1 个 USB 接口和 1 个 CAN 接口。

STM32F103xx 大容量增强型系列工作于 -40 ~ +105 ℃ 的温度范围，供电电压 2.0 ~ 3.6 V，一系列的省电模式保证低功耗应用的要求。

STM32F103xx 大容量增强型系列产品提供包括从 64 脚至 144 脚的 6 种不同封装形式；根据不同的封装形式，器件中的外设配置不尽相同。下面给出了该系列产品中所有外设的基本介绍。

这些丰富的外设配置，使得 STM32F103xx 大容量增强型系列微控制器适用于多种应用场合：

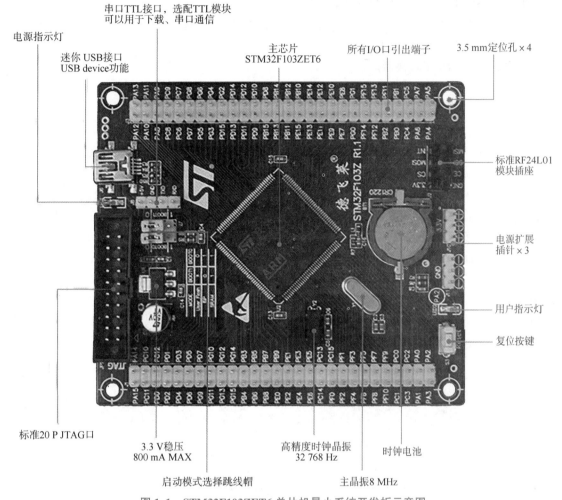

图 1.1 STM32F103ZET6 单片机最小系统开发板示意图

- 电动机驱动和应用控制。
- 医疗和手持设备。
- PC 游戏外设和 GPS 平台。
- 工业应用：可编程控制器（PLC）、变频器、打印机和扫描仪。
- 警报系统、视频对讲和暖气通风空调系统等。

内核：ARM 32 位的 Cortex™–M3 CPU，最高 72 MHz 工作频率，在存储器的零等待周期访问时，可达 1.25DMIPS/MHz（Dhrystone 2.1），单周期乘法和硬件除法。

存储器：从 256 KB 至 512 KB 的闪存程序存储器，高达 64 KB 的 SRAM，带 4 个片选的静态存储器控制器。支持 CF 卡、SRAM、PSRAM、NOR 和 NAND 存储器，并行 LCD 接口，兼容 8080/6800 模式。

时钟、复位和电源管理：2.0~3.6 V 供电和 I/O 引脚，上电/断电复位（POR/PDR），可编程电压监测器（PVD），4~16 MHz 晶体振荡器，内嵌经出厂调校的 8 MHz 的 RC 振荡器，内嵌带校准功能的 40 kHz 的 RC 振荡器、带校准功能的 32 kHz RTC 振荡器。

低功耗：睡眠、停机和待机模式，VBAT 为 RTC 和后备寄存器供电。

3 个 12 位模/数转换器，1 μs 转换时间（多达 21 个输入通道），转换范围为 0~3.6 V，3 倍采样和保持功能，温度传感器。

2 通道 12 位 D/A 转换器。

DMA：12 通道 DMA 控制器，支持的外设有定时器、ADC、DAC、SDIO、I^2S、SPI、I^2C 和 USART。

调试模式：串行单线调试（SWD）和 JTAG 接口，Cortex-M3 内嵌跟踪模块（ETM）。

快速 I/O 端口：51/80/112 个多功能双向的 I/O 口，所有 I/O 口可以映像到 16 个外部中断；几乎所有端口均可容忍 5 V 信号。

定时器：多达 4 个 16 位定时器，每个定时器有多达 4 个用于输入捕获/输出比较/PWM 或脉冲计数的通道和增量编码器输入，2 个 16 位带死区控制和紧急刹车，用于电动机控制的 PWM 高级控制定时器，2 个看门狗定时器（独立的和窗口型的），系统时间定时器：24 位自减型计数器，2 个 16 位基本定时器用于驱动 DAC。

通信接口：多达 2 个 I^2C 接口（支持 SMBus/PMBus），多达 5 个 USART 接口（支持 ISO7816、LIN、IrDA 接口和调制解调控制），多达 3 个 SPI 接口（18 Mb/s），2 个可复用为 I^2S 接口，CAN 接口（2.0B 主动），USB 2.0 全速接口，SDIO 接口。

CRC 计算单元：96 位的芯片唯一代码。

1.4　软件开发平台

在本课程的学习中，将反复用到几款软件：RealView MDK（Microcontroller Development Kit）集成开发环境、串口调试软件等。集成开发环境允许用户在电脑上编写程序，并编译生成可执行文件，然后下载到单片机上；串口调试软件则可以通过在单片机上编写 printf 语句，在计算机上接收显示单片机发送过来的数据，让用户知道单片机微控制器在做什么，观察执行结果。

RealView MDK 开发套件源自德国 Keil 公司，是 ARM 公司目前最新推出的针对各种嵌入式处理器的软件开发工具。RealView MDK 集成了业内最领先的技术，包括 μVision 3 集成开发环境与 RealView 编译器。其支持 ARM7、ARM9 和最新的 Cortex-M3 核处理器，自动配置启动代码，集成 Flash 烧写模块、强大的 Simulation 设备模拟、性能分析等功能，可以在 Keil 公司的官方网站 www. keil. com 上获得该软件的安装包，安装后包含 STM32F10x 系列处理器片上外围接口固件库（Fireware Library）。

1.4.1　安装串口驱动

1. CP2102 驱动安装

现如今，电脑上的串口正在被 USB 串口所替代，特别是笔记本电脑，已经很少会出现串口接口。所以，使用 USB 串口实现单片机与电脑通信连接，可以方便地下载程序、调试和串口通信。这里使用的 CP2102 集成了 USB 转 TTL 串口功能，将 CP2102 串口模块的一端连接到单片机上，而另一端连接到计算机的 USB 接口上，并安装对应的 USB 驱动程序，如图 1.2 所示。

图 1.2　下载线连接

CP2102 集成度高，内置 USB 2.0 全速功能控制器、USB 收发器、晶体振荡器、EEPROM 及异步串行数据总线（UART），支持调制解调器全功能信号，无须任何外部的 USB 器件，如图 1.3 所示。CP2102 与其他 USB-UART 转接电路的工作原理类似，通过驱动程序将 PC 的 USB 口虚拟成 COM 口以达到扩展的目的。

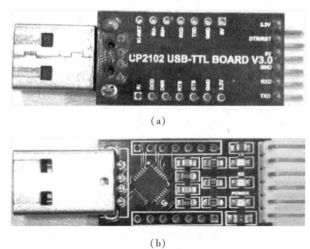

（a）

（b）

图 1.3　CP2102 驱动模块

CP2102 驱动安装步骤如下：

①将 CP2102 模块与电脑的 USB 接口连接。

②打开"设备管理器"窗口（方法 1：按 Windows+X 组合键，在弹出的菜单中选择"设备管理器"选项；方法 2：右击"计算机"或"我的电脑"图标，在弹出的菜单中选择"设备管理器"选项）。单击"其他设备"选项，右击"CP210x USB to UART Bridge Controller"选项，在弹出的菜单中选择"更新驱动程序软件"选项，在弹出的"更新驱动程序软件"对话框中，单击"浏览计算机以查找驱动程序软件"选项，单击"浏览"按钮，选择"CP2102 驱动"文件夹，再选择"CP210x_VCP_Windows"文件夹，然后单击"下一步"按钮，安装完成后，单击"关闭"按钮即可，如图 1.4 所示。

图 1.4 右击"CP210x USB to UART Bridge Controller"选项

③打开"端口（COM 和 LPT）"，会出现"Silicon Labs CP210x USB to UART Bridge（COM3）"，其中，COM3 为该驱动的端口号（不同设备可能会不同，以实际情况为准），务必牢记，今后在下载程序时会用到，如图 1.5 所示。

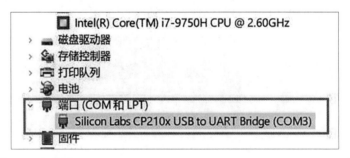

图 1.5 出现"Silicon Labs CP210x USB to UART Bridge（COM3）"

2. CP2102 驱动测试

在"软件"文件夹中，找到"下载"文件夹并打开，然后打开"USB-TTL 测试工具"，在"设备串口"中选择"COM3"，由于本测试为收发测试，所以需要将 CP2102 驱动的 TX（数据传输串口）与单片机的 RX（数据接收串口，对应 A9 管脚）相连接，将 CP2102 驱动的 RX（数据接收串口）与单片机的 TX（数据传输串口，对应 A10 管脚）相连接，然后插入电脑，单击"开始"按钮，等待测试结束。测试结束后，在"测试结果"窗口中会显示"OK"，则说明测试成功，如图 1.6 所示。

图 1.6   USB-TTL 测试工具界面

1.4.2   安装 Keil 5

Keil 5 版本在安装的时候与之前的版本安装有一个很大的区别：之前的版本安装包里面集成器件的支持包，而 Keil 5 版本是独立出来的，需要根据自己使用的芯片型号下载相应的器件支持包。安装过程如下。

①在电脑中新建一个文件夹，并命名为"Keil525pre"，用作存放软件的安装文件。注意，安装路径随意，但不要出现中文字符，最好也不要出现空格和特殊字符。

②双击"MDK525pre. EXE"，弹出如图 1.7（a）所示的对话框，单击"Next"按钮。

③勾选"I agree…"，再单击"Next"按钮，如图 1.7（b）所示。

④在 Core 和 Pack 编辑框中都浏览到新建的文件夹，再单击"Next"按钮，如图 1.7（c）所示。

⑤如图 1.7（d）所示，根据自身情况在四个文本框中填上对应的名称，再单击"Next"按钮。

⑥等待安装完成后，单击"Next"按钮，在等待过程中会出现一个 ULINK 安装提示，单击安装即可。

⑦然后单击"Finish"按钮，会弹出网页，是版本的一些信息。

⑧随后，MDK 会自动弹出"Pack Installer"界面，在这里面，单击左上角的刷新图标，即可自动获取最新的设备支持包，如果无法获取或下载太慢，那么可以在官网（http://www. keil. com/dd2/Pack/）自行下载。这里以 STM32F103 开发为例，需要安装 STM32F103 的设备支持包 Keil. STM32F1xx_DFP. 2. 2. 0. pack（版本可能不同，建议下载最新版）。双击安装这个设备支持包，即可让 MDK5. 25 支持 STM32F103 设备开发了，其他设备也是如此。

⑨输入"License"，运行 Keil μVision 5（第一次以管理员身份运行），单击"File"菜单下的"License Management"子菜单，如图 1.7（i）所示。

　　将 License 序列号复制到"License Management"中的"New License ID Code（LIC）"中（不要使用图中的序列号），单击"ADD LIC"按钮完成，如图 1.7（j）和图 1.7（k）所示。只有当序列号下面的框内出现"＊＊＊LIC Added Sucessfully＊＊＊"时，才说明软件注册成功。

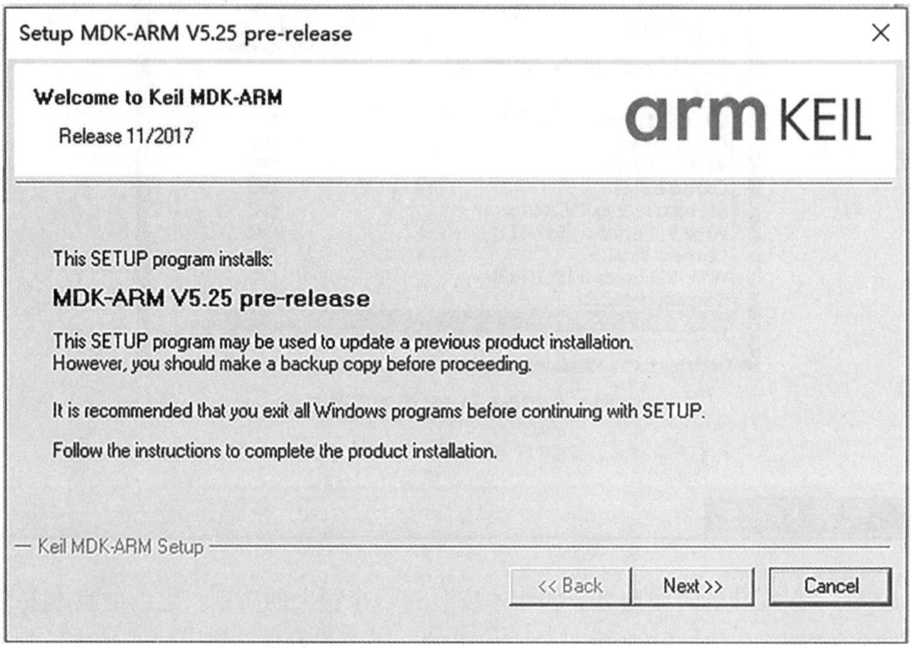

Setup MDK-ARM V5.25 pre-release　　　　　　　　　　　　　　　　　　　×

Welcome to Keil MDK-ARM

Release 11/2017　　　　　　　　　　　　　　　　　　**arm** KEIL

This SETUP program installs:

MDK-ARM V5.25 pre-release

This SETUP program may be used to update a previous product installation.
However, you should make a backup copy before proceeding.

It is recommended that you exit all Windows programs before continuing with SETUP.

Follow the instructions to complete the product installation.

— Keil MDK-ARM Setup

　　　　　　　　　　　　　　　　　　　　 << Back　　Next >>　　Cancel

(a)

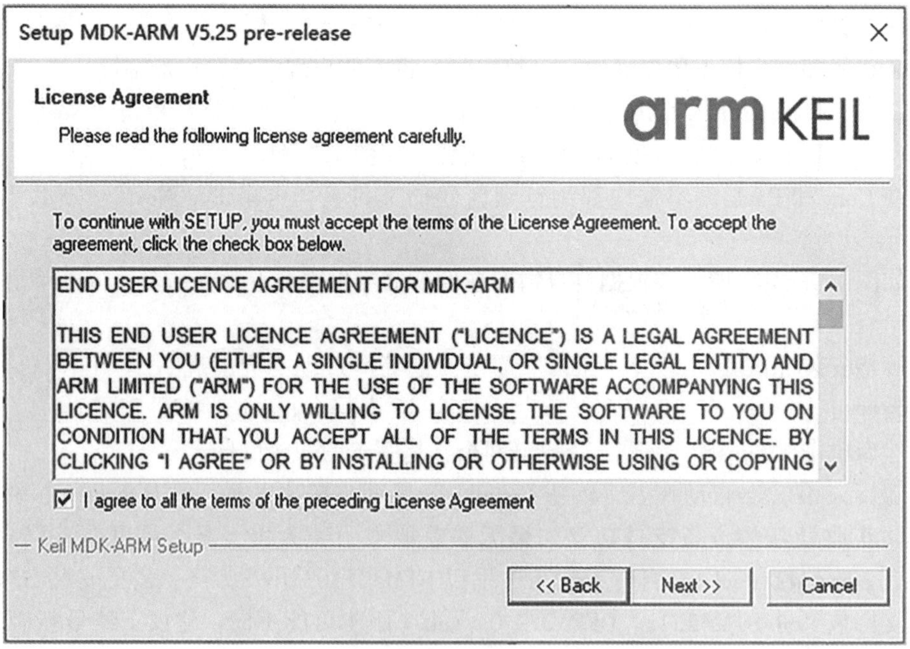

Setup MDK-ARM V5.25 pre-release　　　　　　　　　　　　　　　　　　　×

License Agreement

Please read the following license agreement carefully.　　　　**arm** KEIL

To continue with SETUP, you must accept the terms of the License Agreement. To accept the agreement, click the check box below.

END USER LICENCE AGREEMENT FOR MDK-ARM

THIS END USER LICENCE AGREEMENT ("LICENCE") IS A LEGAL AGREEMENT
BETWEEN YOU (EITHER A SINGLE INDIVIDUAL, OR SINGLE LEGAL ENTITY) AND
ARM LIMITED ("ARM") FOR THE USE OF THE SOFTWARE ACCOMPANYING THIS
LICENCE. ARM IS ONLY WILLING TO LICENSE THE SOFTWARE TO YOU ON
CONDITION THAT YOU ACCEPT ALL OF THE TERMS IN THIS LICENCE. BY
CLICKING "I AGREE" OR BY INSTALLING OR OTHERWISE USING OR COPYING

☑ I agree to all the terms of the preceding License Agreement

— Keil MDK-ARM Setup

　　　　　　　　　　　　　　　　　　　　 << Back　　Next >>　　Cancel

(b)

图 1.7　安装 Keil 5

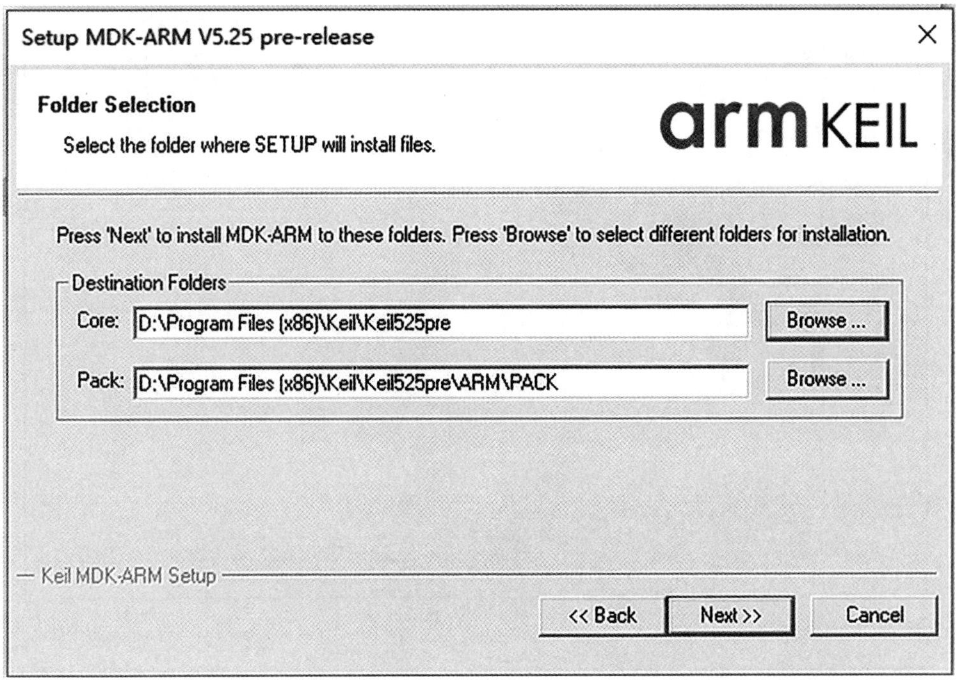

(c)

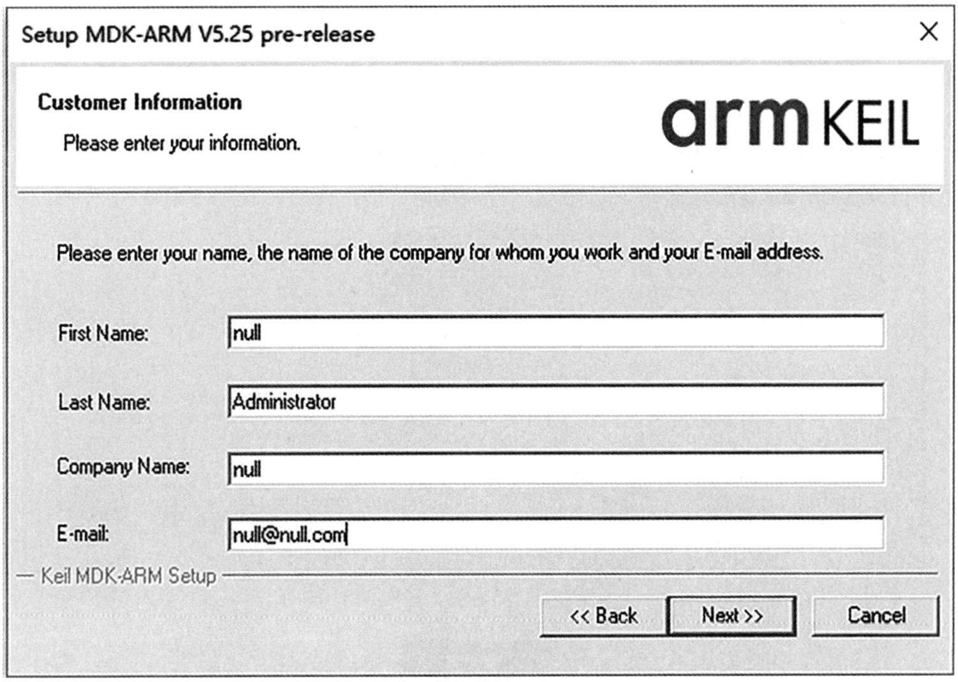

(d)

图 1.7　安装 Keil 5（续）

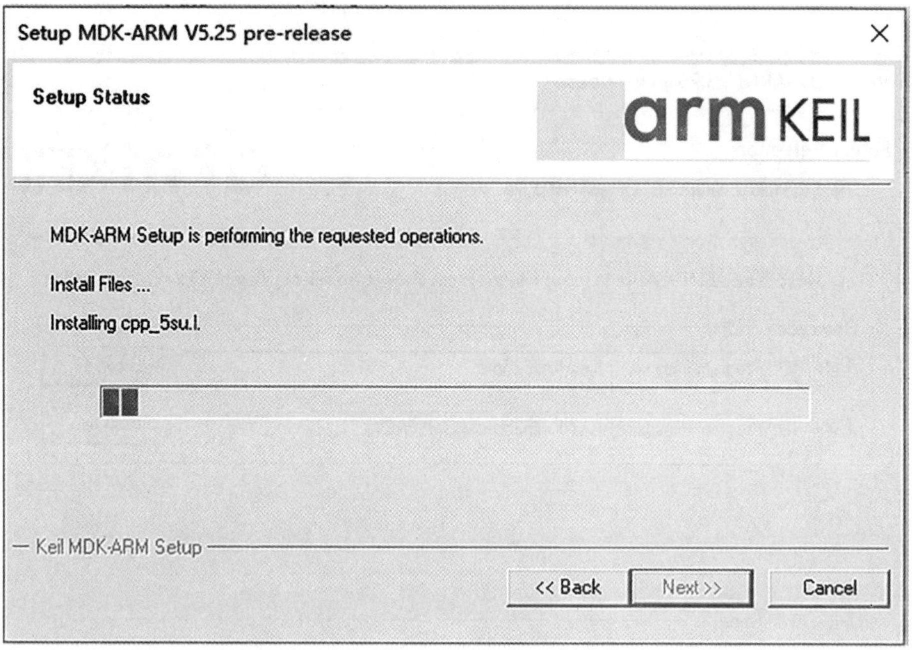

(e)

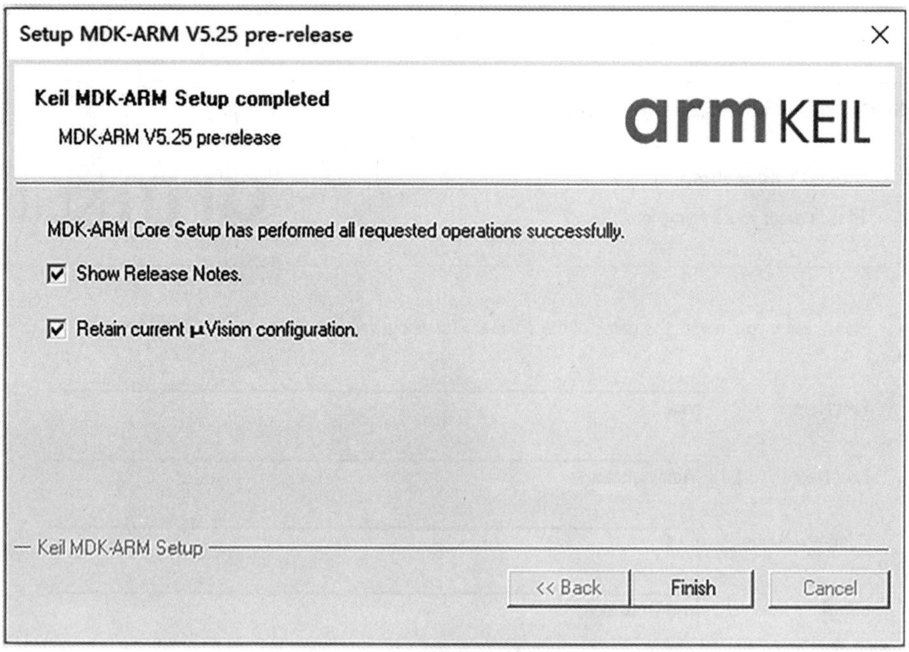

(f)

(g)

图 1.7　安装 Keil 5（续）

> STMicroelectronics STM32F0 Series Device Support, Drivers and　　BSP　DFP　2.0.0

> STMicroelectronics STM32F1 Series Device Support, Drivers and　　BSP　DFP　2.2.0

> STMicroelectronics STM32F2 Series Device Support, Drivers and　　BSP　DFP　2.8.0

> STMicroelectronics STM32F3 Series Device Support and Examples　　BSP　DFP　2.1.0

> STMicroelectronics STM32F4 Series Device Support, Drivers and　　BSP　DFP　2.12.0

> STMicroelectronics STM32F7 Series Device Support, Drivers and　　BSP　DFP　2.9.0

(h)

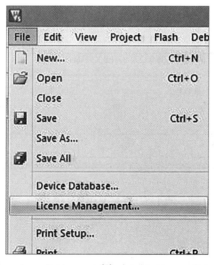

(i)

图 1.7　安装 Keil 5（续）

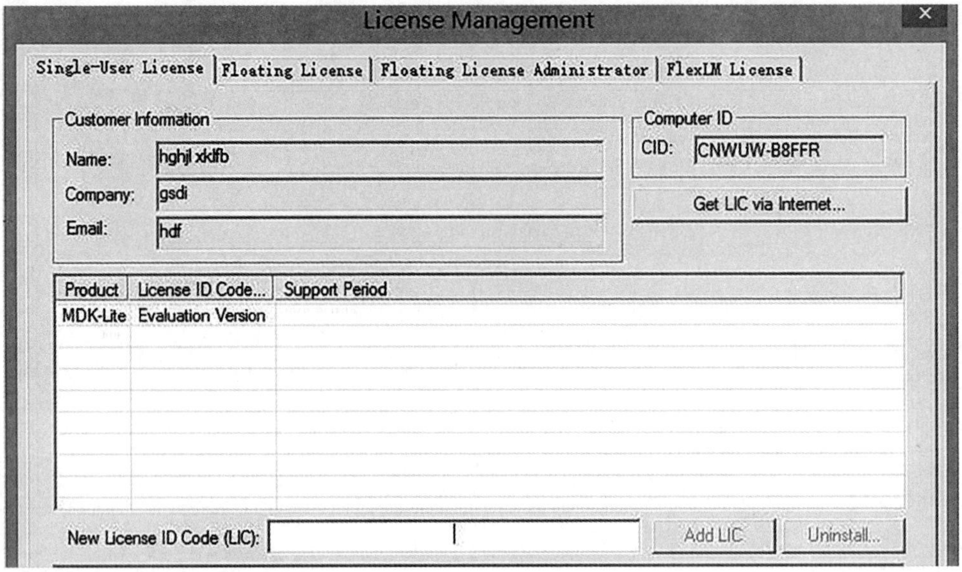

（j）

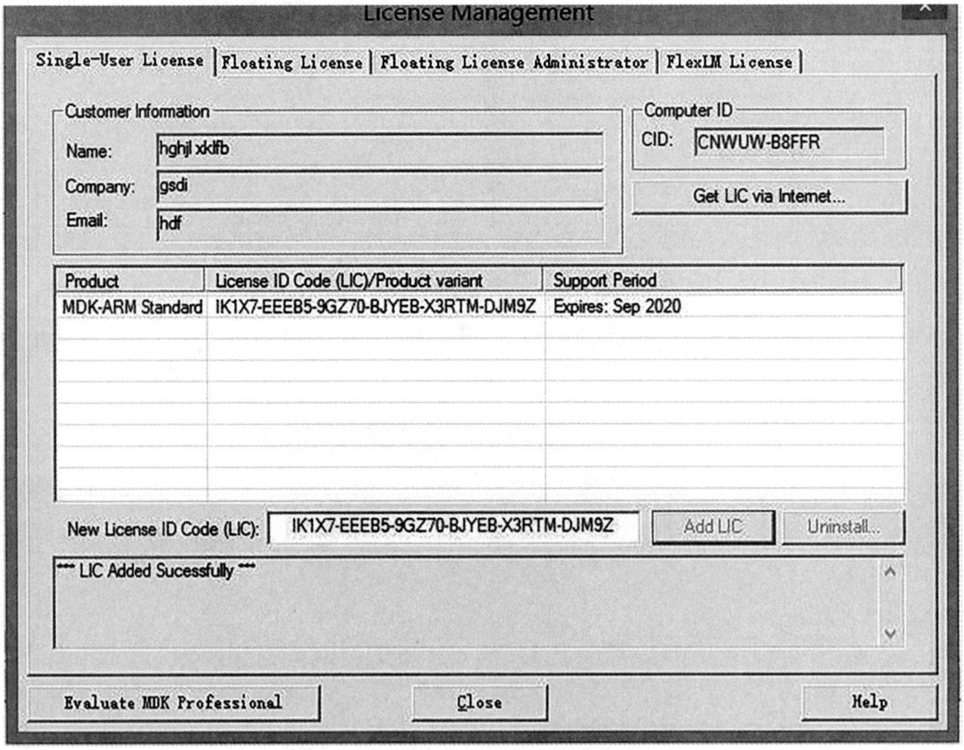

（k）

图 1.7　安装 Keil 5（续）

1.4.3　创建工程

双击 Keil μVision 5 的图标，启动 Keil μVision 5 程序，会看到图 1.8 所示 Keil μVision 5

的 IDE（Integrated Development Environment，集成开发环境）主界面。Keil 提供了包括 C 编译器、宏汇编、连接器、库管理及一个功能强大的仿真调试器在内的完整开发方案，通过一个集成开发环境（μVision）将这些部分组合在一起。掌握这一软件的使用，对于进行单片机或 ARM 系统开发者来说是十分必要的，如果使用 C 语言编程，那么 Keil 将是不二之选，即使不使用 C 语言而仅用汇编语言编程，其方便易用的集成环境、强大的软件仿真调试工具，也会令用户事半功倍。

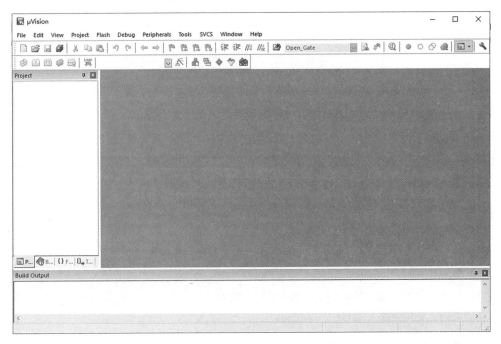

图 1.8　Keil μVision5 的 IDE 主界面

1. 创建工程

通过用"Project"菜单中的"New Project"命令建立项目文件（工程文件），过程如下：

①创建"FirstCode"文件夹，复制工程模板文件。

将提供的 Template 文件夹下的文件复制到 FirstCode 目录下，Template 文件夹里面包含：

CORE：内核文件，用于存放有关内核的文件。

OBJ：目标文件，用于存放编译后产生的结果文件。

TEACHING：外设文件，用于存放操作外设的文件。

STM32F10x_FWLIE：固件库文件，是 ST 官方推出的，针对的是 STM32 系列芯片的内部资源，可以提高开发效率及降低门槛。

SYSTEM：系统文件。

USER：用户文件，用于存放 MDK 工程。

②打开"Keil μVision 5"软件，单击"Project"，会出现图 1.9 所示的下拉菜单，然后选择"New μVision Project"，弹出"Create

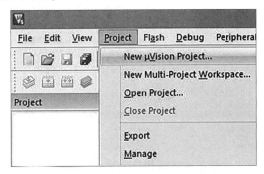

图 1.9　Keil μVision5 工程菜单画面

New Project"对话框，找到刚才建立好的 FirstCode 目录，如图 1.10 所示。

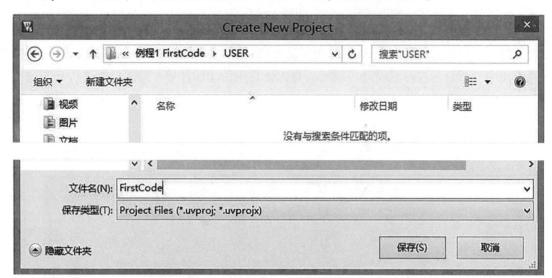

图 1.10　"Create New Project"对话框

③双击"USER"文件夹，在文件名中输入工程文件名"FirstCode"（可不用加后缀名），保存在此目录下，如图 1.11 所示。之后单击"保存"按钮，出现如图 1.12 所示的窗口。

图 1.11　创建 FirstCode 工程

④这里要求选择芯片的类型，首先单击"STMicroelectronics"文件夹，然后打开"STM32F1 Series"文件夹，在弹出的下拉菜单中单击"STM32F103"，最后选择"STM32F103ZE"（与教学

开发板一致），如图 1.12（a）和图 1.12（b）所示。看看选择不同的 STM32F103xx 单片机，所显示的资源有哪些不同。

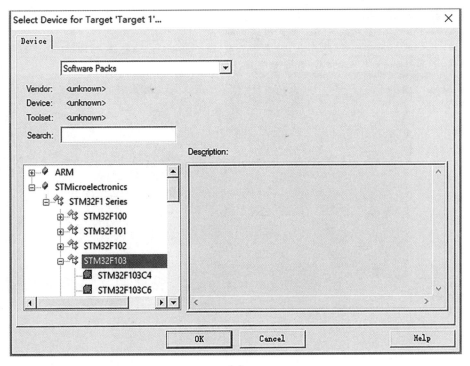

（a）

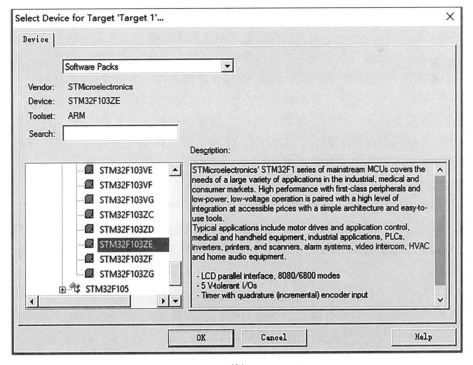

（b）

图 1.12　CPU 型号选择窗口

⑤单击"OK"按钮，弹出"Manage Run-Time Environment"窗口，单击"OK"按钮，将出现图1.13所示界面，此时项目文件即工程文件就创建好了。

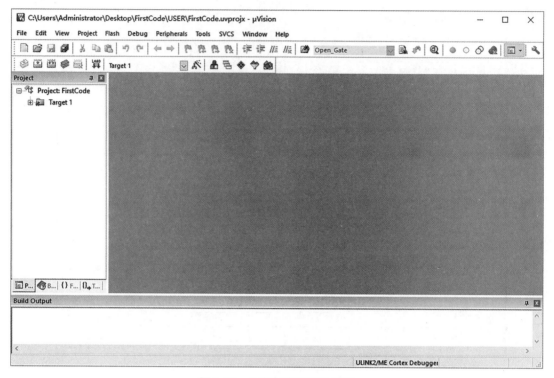

图 1.13　工程创建完成的界面

在当今的应用软件开发中，一个软件系统是由工程文件组成，工程文件包含若干个程序文件、头文件甚至库文件。类似于一本书，有目录和各个章节，或者像一个公司，有很多部门。打开μV5文件STM32单片机或者ARM的Keil项目文件（工程文件），就打开了这个工程，即与应用程序相关的全部文件和相应的设置。它包括的文件有头文件、源文件、汇编文件、库文件、配置文件等。这些文件的有关信息就保存在称为"工程"的文件中，每次保存工程时，这些信息都会被更新。在Keil中，使用工程文件来管理构成应用程序的所有文件，而且编译生成的可执行文件与项目文件（工程文件）同名。

2. 添加文件

项目文件创建后，只有一个框架，需要向项目文件中添加程序文件内容。Keil μVision支持C语言程序。可以是已经建立好的程序文件，也可以是新建的程序文件。如果是建立好了的程序文件，则直接用后面的方法添加；如果是新建立的程序文件，则先将程序文件.c存盘后再添加。

（1）将固件库源文件添加到工程

首先，在工程窗口中右键单击"Source Group 1"，单击"Manage Project Items…"，如图1.14所示。然后弹出如图1.15所示的对话框。

①在上面对话框的左侧栏，双击"Target 1"，将其改名为"FirstCode"；在中间栏，单击"New"按钮，新建CORE、FWLIB、TEACHING、USER和SYSTEM五个组；选中"Source Group 1"，单击"×"按钮将其删除（也可不删除，这里只是为了使工程整洁）。

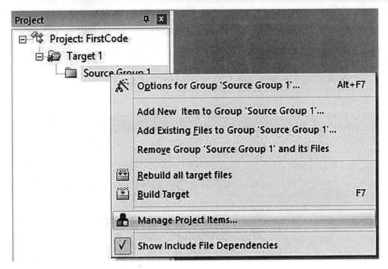

图 1.14   添加文件

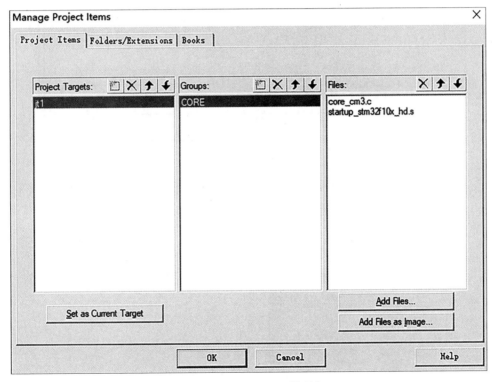

图 1.15   Components 选项卡

②选中 "CORE"，单击 "Add Files…" 按钮，把 core_cm3. c、startup_stm32f10x_hd. s
(只有这个文件需要将文件类型改为 "All files(*.*)" 才能显示出来) 加到 "CORE"
组中。

③在 "FWLIB" 组中加入 "src" 文件夹下的所有 . c 文件。

④在 "TEACHING" 组中加入 "gpio. c" 文件。

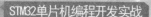

⑤在"USER"组中加入"main. c""stm32f10x_it. c"和"system_stm32f10x. c"三个文件。

⑥在"SYSTEM"组中加入"sys. c""usart. c"和"delay. c"三个文件（这三个文件分别在"sys""usart"和"delay"文件夹下）。

得到如图 1.16 所示的界面。

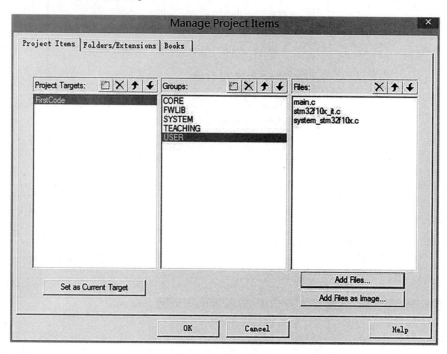

图 1.16　修改结果

⑦单击"OK"按钮，退出该界面。这时会在"FirstCode"树下多出 5 个组名，即新建的 5 个组，其下包含添加的. c 文件，如图 1.17 所示。

这样即把源文件在工程中添加完毕。

（2）将固件库头文件添加到工程

源文件添加完毕后，单击"编译"按钮，如图 1.18 所示。

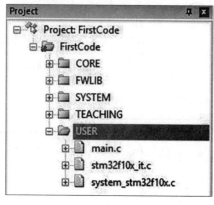

图 1.17　工程窗口

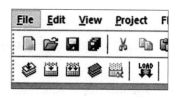

图 1.18　"编译"按钮

　　工程窗口上方的第二个按钮为部分编译，只对改动过的程序进行编译；工程窗口上方的第三个按钮为完全编译。在界面下方的"Build Output"窗口中会显示出当前程序的错误，双击其中一个错误，会定位到错误的语句。图 1.19 所示是出现的一些错误，这里简单说明一下：

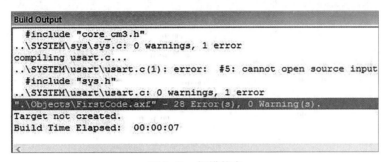

```
Build Output
  #include "core_cm3.h"
..\SYSTEM\sys\sys.c: 0 warnings, 1 error
compiling usart.c...
..\SYSTEM\usart\usart.c(1): error:  #5: cannot open source input
  #include "sys.h"
..\SYSTEM\usart\usart.c: 0 warnings, 1 error
".\Objects\FirstCode.axf" - 28 Error(s), 0 Warning(s).
Target not created.
Build Time Elapsed:  00:00:07
```

图 1.19　报错状态

..\FWLIB\src\stm32f10x_wwdg.c(23): error:　#5: cannot open source input file "stm32f10x_wwdg.h":**No such file or directory**

　　这类错误提示是提醒读者添加的源文件对应的头文件没有加入工程中。

　　stm32f10x.h(96): error:　#35: #error directive: "**Please select first the target STM32F10x device** used in your application (in stm32f10x.h file)"

　　这类错误提示没有添加宏定义。

　　①首先解决第一种错误。

　　单击魔术棒 ，弹出"Options for Target 'FirstCode'"对话框，选择"C/C++"选项卡，如图 1.20 所示。

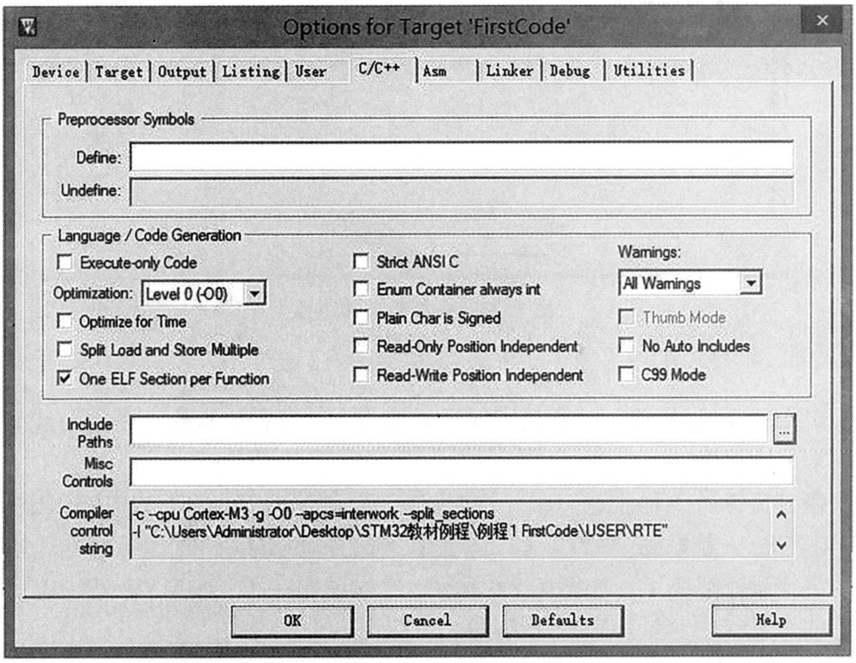

图 1.20　Options for Target "FirstCode"

单击"Include Paths"后面的三个点,弹出"Folder Setup"对话框,如图1.21所示:

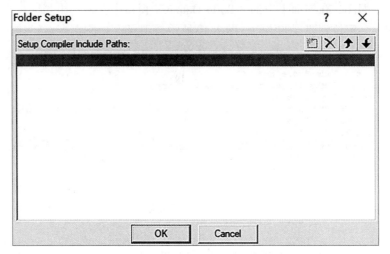

图1.21 "Folder Setup"对话框

单击"新建"按钮,添加头文件路径(这里添加路径就行了,Keil μVision 5会自动查找到每个头文件),添加的路径如图1.22所示(每个路径一定要是最后一级,否则查找不到)。

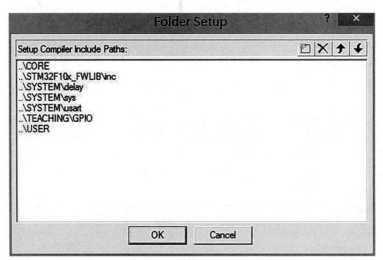

图1.22 添加头文件路径

然后,单击"OK"按钮,这样就完成了添加头文件路径的操作。

②解决第二种错误。

打开"新建库函数工程注意.txt"文本文档,复制其内容(STM32F10X_HD、USE_STD-PERIPH_DRIVER),粘贴到"C/C++"选项卡下的"Define"中,然后单击"OK"按钮,这样,这两类错误就解决了,如图1.23所示。这里说明一下,STM32F10X_HD中的HD同样是大容量的意思(中容量:MD;低容量:LD)。

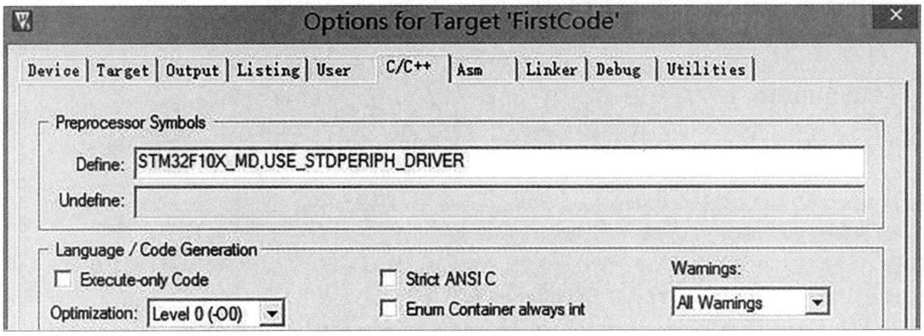

图 1.23　添加 "Define"

再编译一下，会发现还有一个错误：

.\Objects\FirstCode.axf: Error: L6218E: Undefined symbol main (referred from __rtentry2.o).

这是提示没有定义 main 入口函数，解决这个错误只需在 main. c 中加入：

```
int main( )
{

}
```

此处读者可以先不做处理，将程序编写完整之后即会消除这个错误。

（3）将编译生成的 . hex 文件保存在 "OBJ" 文件下

在魔术棒中的 "Output" 选项卡中勾选 "Create HEX File"，然后单击 "Select Folder Objects…"，浏览到 "OBJ" 文件夹下的内容，然后单击 "OK" 按钮，如图 1.24 所示。

图 1.24　HEX 文件保存在 "OBJ" 文件夹下

这样就将 FirstCode 工程建立完成了。接下来编写一个简单程序——LED 彩灯闪烁加串口打印，作为开发入门程序。

3. 编写代码 main. c

将"main 函数 . txt"文件中的内容粘贴到 main. c 中，如图 1. 25 所示。

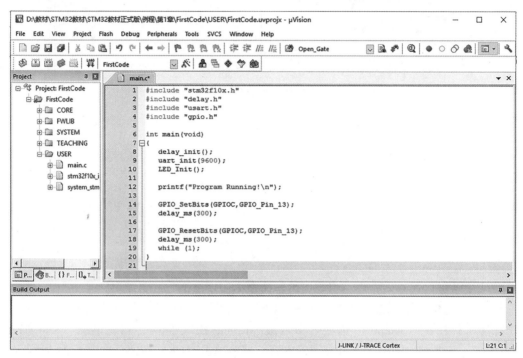

图 1. 25　main. c 函数

下面来产生下载需要的可执行文件。图 1.26 表示编译的几种方式，图 1.26（a）的 "Translate the currently active file" 表示仅编译当前源文件；图 1.26（b）的 "Build target files" 表示编译整个工程文件，编译时，仅编译修改了的或新的源文件；图 1.26（c）的 "Rebuild all target files" 表示重新编译整个工程文件，工程中的文件不管是否修改，编译时都将重新编译。

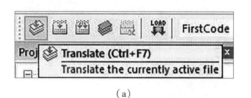

(a)

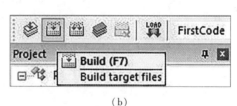

(b)

(c)

图 1.26　编译工程文件的几种方式

(a) 编译当前源文件；(b) 编译工程文件；(c) 重新编译工程文件

编译，这时工程就已经全部做好了，可以使用到开发板中了。

一般地，单击"Keil μVision IDE"快捷工具栏，编译整个工程文件，如图 1.27 所示。Keil 的 C 编译器根据要生成的目标文件类型对目标工程项目中的 C 语言源文件进行编译。编译过程中，可以观察到源文件中有没有错误产生，如果没有错误产生，在 IDE 主窗口的下面出现"0 Error（s），0 Waring（s）"提示信息，表明已成功生成了可执行文件，并存储在 OBJ 目录中。

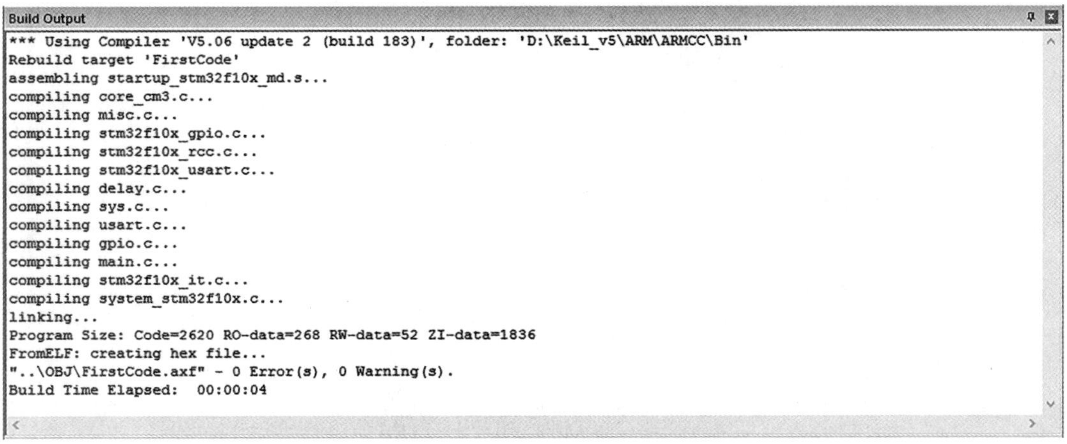

```
Build Output                                                              ⊓ ⊠
*** Using Compiler 'V5.06 update 2 (build 183)', folder: 'D:\Keil_v5\ARM\ARMCC\Bin'
Rebuild target 'FirstCode'
assembling startup_stm32f10x_md.s...
compiling core_cm3.c...
compiling misc.c...
compiling stm32f10x_gpio.c...
compiling stm32f10x_rcc.c...
compiling stm32f10x_usart.c...
compiling delay.c...
compiling sys.c...
compiling usart.c...
compiling gpio.c...
compiling main.c...
compiling stm32f10x_it.c...
compiling system_stm32f10x.c...
linking...
Program Size: Code=2620 RO-data=268 RW-data=52 ZI-data=1836
FromELF: creating hex file...
"..\OBJ\FirstCode.axf" - 0 Error(s), 0 Warning(s).
Build Time Elapsed:  00:00:04
```

图 1.27 编译过程的输出信息

查看 OBJ 目录，可以发现生成了 FirstCode.axf 文件。"AXF"（Arm Excute File）按钮是 ARM 芯片使用的文件格式，它除了包含 bin 代码外，还包括了调试信息。与 AXF 文件相似，单片机系统开发经常也会用到 HEX 文件，HEX 文件包括地址信息，可直接用于烧写或下载。

1.4.4 程序烧录

1. 连线方式

使用 USB 延长线将 STM32 下载口与电脑的 USB 接口连接起来。

2. 工具

FlyMcu 如图 1.28 所示。

FlyMcu 仿真软件是 STM32 最新串口烧写器，FlyMcu 仿真软件连接上通信所使用的串口，能够很方便地烧写程序，使用 eagleIAP 通过 IAP 烧录应用程序，用 ISP 烧录 IAP 引导程序和应用程序。

3. 下载程序步骤

①打开 FlyMcu（在"STM32 串口下载软件（FLYMCU）"文件夹中）。

②将开发板上的 BOOT 开关置 1，然后接入电脑。

③单击"搜索串口"，选择对应串口，"bps"选择 76 800。

④选择联机下载时的程序文件（找到"FirstCode"下"OBJ"中的"FirstCode.hex"文件）。

⑤单击"开始编程"按钮，等待右侧框中显示"一切正常"，则说明程序下载成功，如图 1.29 所示，关闭 FlyMcu。

图 1.28　FlyMcu 界面

注意：以上没有提到的内容，请不要随意更改，如已更改，要按照图 1.28 更改回去，否则，下载程序过程中会出现问题。

图 1.29　下载成功

4. 实验现象

首先将 BOOT 开关置 0，再打开串口调试软件，单击"打开串口"按钮，然后复位。由于之前的操作，板中已有程序，给板供电后，该程序将执行，复位后，程序将从头执行。

如果串口调试终端可以显示信息，如图 1.30 所示，在实验箱的底部可以看到 LED 灯闪烁一次，则说明配置 STM32 开发环境都已成功，包括硬件连接和软件配置。

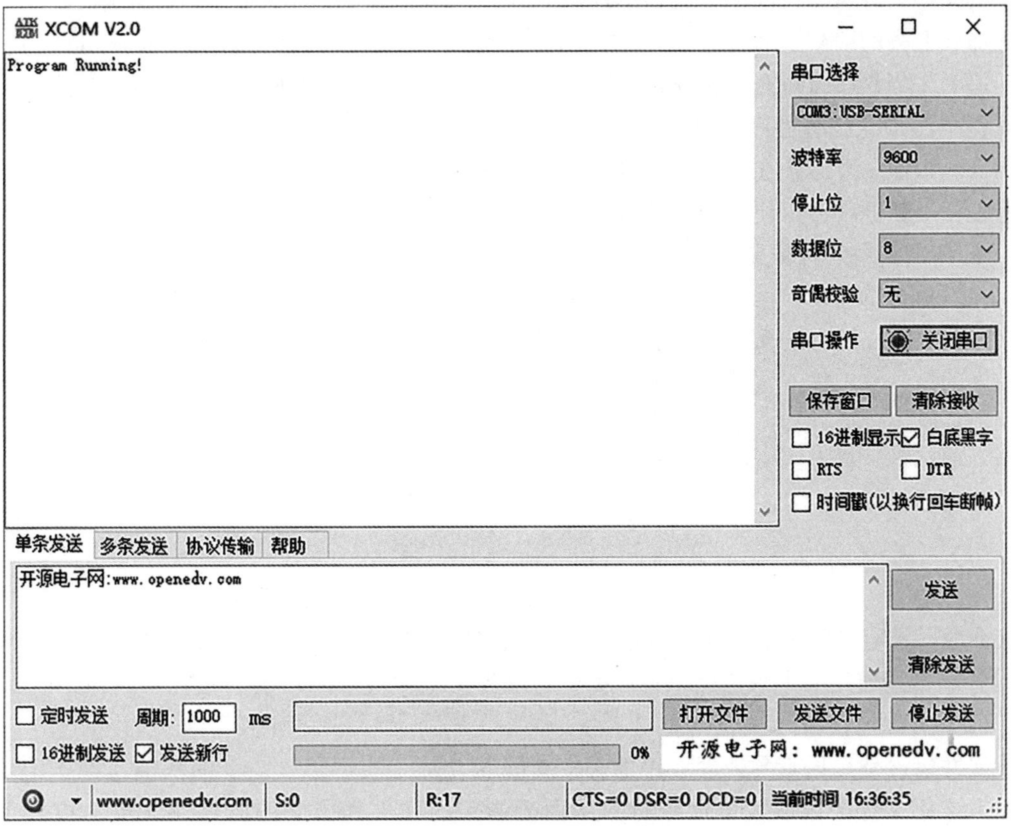

图 1.30　串口调试终端显示的信息

1.5　项目知识点链接

❖ **FirstCode 是如何工作的?**

main. c 中前四行代码是所包含的头文件:"stm32f10x. h""delay. h""usart. h"和"gpio. h",这四个头文件在本书的后续章节和任务中都要用到。"stm32f10x. h"文件主要包含 STM32 库文件的定义,它在编译过程中用来将程序需要用到的标准数据类型和一些标准函数、中断服务函数等包括进来,生成可执行代码。头文件中可以嵌套头文件,同时也可以直接定义常用的功能函数。还包含了本例程中及后面例程中都要用到的几个重要函数的定义,在后面的章节中会进一步讲解。

main 函数的前三行语句是初始化函数:delay_init( );,用来配置延时;uart_init(9600);,用来配置串口;LED_init( );,用来配置 RCC 时钟和 GPIO。这几个函数将在后面的章节讲解。语句中"//"后是注释。注释是一行会被编译器忽视的文字,因为注释是为了给开发者阅读,编译器不对其进行编译。

从 main 函数的第四行语句开始是主要的执行语句,依次是串口打印函数、PC13 输出高电平、延时 300 ms、PC13 输出低电平和延时 300 ms。

编译好的可执行文件是下载到单片机 Flash 存储器上的，并且由上至下加载。将可执行文件加载上去的时候，程序填满了整个 Flash 空间吗？当然没有！如果没有 while(1)；语句，那么，当程序执行完一遍 main 函数之后，它还将向下继续执行，但后面的空间并没有存放程序代码，这时程序会乱运行，也就是发生了"跑飞"现象。在最后加上 while(1)；语句，让程序一直停止在这里，就可以防止程序跑飞。下一章加的 while(1){}语句也是为了将程序不断循环，以便看到"跑马灯"的效果，也可以防止程序跑飞。

❖ **C 语言中的两种文件**

在教材各章节中，会多次使用以"#"号开头的预处理命令，如包含命令#include、宏定义命令#define 等。一般都放在源文件的前面，称为预处理部分。所谓预处理，是指在进行编译的第一遍扫描（词法扫描和语法分析）之前所做的工作。预处理是 C 语言的一个重要功能，它由预处理程序负责完成。当对一个源文件进行编译时，将首先对源程序中的预处理部分做处理，处理完毕后，再对源程序进行编译。

常用的预处理命令有：

（1）宏定义

在 C 语言源程序中，允许用一个标识符来表示一个字符串，称为"宏"。"define"为宏定义命令，被定义为"宏"的标识符称为"宏名"。在编译预处理时，对程序中所有出现的"宏名"，都用宏定义中的字符串去代换，这称为"宏代换"或"宏展开"。

（2）文件包含

文件包含是 C 语言预处理程序的另一个重要功能。文件包含命令的功能是把指定的文件插入该命令行位置取代该命令行，从而把指定的文件和当前的源程序文件连成一个源文件。

在程序设计中，文件包含是很有用的。一个大的程序可以分为多个模块，由多个程序员分别编程。有些公用的符号常量或宏定义等可单独组成一个文件，在其他文件的开头用包含命令包含该文件即可使用。这样，可避免在每个文件开头都去书写那些公用量，从而节省时间并减少出错。

包含命令中的文件名可以用双引号（""）括起来，也可以用尖括号（<>）括起来。使用尖括号表示在包含安装软件的目录中去查找（这个目录是安装软件时，设置的安装路径），而不在源文件目录去查找，一般是安装路径（如 C:\Keil MDK＊＊＊）下的 Include 目录；使用双引号则表示首先在当前的源文件目录中查找（即当前的 FirstCode 目录），若未找到，才到包含安装软件的目录中去查找。用户编程时，可根据自己文件所在的目录来选择某一种命令形式。如"stm32f10x.h"文件表示当前源文件所在目录。

一个 include 命令只能指定一个被包含文件，若有多个文件要包含，则需用多个 include 命令。文件包含允许嵌套，即在一个被包含的文件中又可以包含另一个文件。

1.6 项目总结

本项目主要介绍了单片机的基本概念、结构及其在应用上的优势；同时，将单片机的概念延伸到定义更为宽泛的嵌入式系统，重点介绍了 Cortex-M3 系列处理器的特点。项目实施阶段首先完成了 STM32 单片机软硬件开发环境的安装和调试，然后新建一个单片机工程，编写代码并编译烧录成功后，观察到了小灯闪烁的现象。通过本项目的学习，需要掌握如下知识和技能：

①熟悉 STM32 系列单片机的芯片结构，了解单片机最小系统电路硬件资源。

②了解使用 Keil μVision 5 集成开发环境创建工程的方法和步骤。

③掌握常用的编译错误解决思路和方法。

④掌握 STM32 单片机程序烧录方法。

习　题

1. 简答题

（1）什么是单片机？与其他的控制器相比，它具有哪些优势？

（2）单片机最小系统包括哪些部分？在系统中各起到哪些作用？

2. 实践题

（1）请在 Keil μVision 5 集成开发环境中创建一个新的工程，并说明创建过程中的注意事项。

（2）请将新建的工程生成的目标文件正确下载到单片机中。

项目 2 节日彩灯

2.1 项目分析

GPIO（General Purpose Input Output，通用输入/输出端口）的高低电平控制是在 STM32 众多功能中操作最简单，也是最基础的一项功能，本项目将基于节日彩灯这一实例，来详细描述如何配置 STM32 单片机的管脚输出模式，并通过程序控制产生特定输出电平信号。通过本项目的学习，读者将掌握 STM32 的 I/O 口作为输出管脚的使用方法。

本项目将通过程序控制 STM32 开发板上 LED 灯以不同的方式闪烁，实现类似节日彩灯的效果。该项目的关键在于如何控制 STM32 的 GPIO 端口输出指定信号（0/1），通过这个项目的学习，读者将初步掌握 STM32 的 GPIO 输出端口的使用，这是学习 STM32 编程的第一步。

本项目一共完成了 4 个子任务，按照点亮 LED 灯、控制单灯闪烁、改变闪烁频率、多灯花样流水闪烁的顺序，具体的任务说明与技能要求见表 2.1。

表 2.1 项目任务说明

序号	任务名称	任务说明	技能要求
1	点亮一盏彩灯	利用单片机的一个输出管脚输出低电平，控制 LED 灯点亮	1. STM32 单片机管脚输出模式配置过程。 2. 控制管脚输出低电平的库函数调用
2	单灯闪烁控制	利用单片机管脚输出高低电平，控制 LED 灯亮灭变化，并利用延时函数设置亮灭的间隔时间，实现灯闪烁的效果	1. 控制管脚输出高电平的库函数调用。 2. 函数的调用方法，函数名、函数参数的使用方法。 3. 延时函数的调用及参数的配置方法

续表

序号	任务名称	任务说明	技能要求
3	单灯闪烁频率控制	利用嵌套循环，周期性改变延时函数的时长，实现闪烁频率的变化，使 LED 灯越闪越快，或者越闪越慢	1. for 循环结构的使用方法。 2. 利用变量改变函数参数值。 3. 多层嵌套循环实现方法
4	花样流水灯控制	利用多个单片机管脚，同时控制多个 LED 灯的闪烁，实现指定的闪烁图样	1. 多个管脚同时配置成输出模式的方法。 2. 多个管脚同时输出高或低电平的库函数调用方法

项目中子任务都是围绕着 GPIO 功能的使用而展开的，根据不同的项目要求递进式地对 GPIO 功能加深理解，每一个子任务也对应着自己的一些技能要求，重点培养动手实践能力，举一反三。完成本项目的技能归纳：

①STM32 系列单片机的引脚定义和分布。

②了解 STM32 系列单片机的时钟系统结构，熟悉给 STM32 单片机不同的外设设置不同的时钟。

③熟悉 STM32 单片机 GPIO 端口的配置流程和方法。

④使用 STM32 单片机的端口输出控制发光二极管单灯和双灯闪烁。

⑤C 语言复习：循环流程控制语句的使用。

⑥机器人电动机的控制，通过给 STM32 单片机编程，让其控制电动机转动。

2.2　技术准备

本项目讲解如何利用 STM32 单片机的输入/输出端口来控制发光二极管的闪烁。为此，需要理解和掌握 STM32 输入/输出端口的配置方法，以及控制闪烁频率、运行时间的相关原理和编程技术。具体包括 GPIO 输出功能的介绍及 GPIO 初始化配置方法、GPIO 使用过程中的一些输出库函数的介绍、编程时使用的 C 语言中的循环语句，只有掌握这些相关的知识，才能为项目实施打下良好的基础。

2.2.1　GPIO 输出功能

每个 GPIO 端口有两个 32 位配置寄存器（GPIOx_CRL、GPIOx_CRH）、一个 32 位数据寄存器（GPIOx_ODR）、一个 32 位置位/复位寄存器（GPIOx_BSRR）、一个 16 位复位寄存器（GPIOx_BRR）和一个 32 位锁定寄存器（GPIOx_LCKR）。通过配置这些寄存器，就可以完成输出控制，直接使用寄存器完成单片机编程，代码简洁，但要求开发者对各个寄存器的功能比较熟悉，对于初学者来说难度较大，因此本书的所有代码均使用库函数完成单片机控制。

单片机的每一个管脚都可以配置成输出管脚，产生高低电平（0/1）。进行配置的过程中，需要使用输出初始化配置函数，本项目中输出管脚需要控制 LED 彩灯，所以将控制 LED 灯的管脚初始化函数命名为 LED_Init(void)，其中，Init 是初始化英文 Initialize 的缩写。

```
void LED_Init(void)
{
    GPIO_InitTypeDef GPIO_InitStruct;
    RCC_APB2PeriphClockCmd(RCC_APB2Periph_GPIOD, ENABLE);
    GPIO_InitStruct.GPIO_Pin = GPIO_Pin_11;
    GPIO_InitStruct.GPIO_Speed = GPIO_Speed_50MHz;
    GPIO_InitStruct.GPIO_Mode = GPIO_Mode_Out_PP;
    GPIO_Init(GPIOD, &GPIO_InitStruct);
    GPIO_SetBits(GPIOD, GPIO_Pin_11);
}
```

该函数中涉及一个 GPIO 初始化结构体变量 GPIO_InitStruct，GPIO_InitTypeDef 表示结构体类型，该类型结构体拥有三个成员变量：GPIO_Pin，表示管脚编号；GPIO_Speed，表示输出速率；GPIO_Mode，表示输出模式。下面针对每个成员变量的可能取值情况进行具体介绍。

```
typedef struct
{
    uint16_t    GPIO_Pin;
    GPIOSpeed_TypeDef    GPIO_Speed;
    GPIOMode_TypeDef    GPIO_Mode;
} GPIO_InitTypeDef;
```

1. GPIO_Pin 管脚编号

管脚编号的取值范围与单片机具体型号，以及选择的管脚分组密切相关，以本书使用的 STMF103ZET6 单片机为例，具有 PA、PB、PC、PD、PE、PF、PG 7 个分组，每个分组可使用的管脚编号如图 2.1 所示。

2. GPIO_Mode 管脚输出模式

根据数据手册中列出的每个 I/O 端口的特定硬件特征，GPIO 端口的每个管脚可配置成 4 种不同输出模式，即开漏输出（GPIO_Mode_Out_OD）、推挽输出（GPIO_Mode_Out_PP）、复用推挽输出（GPIO_Mode_AF_PP）、复用开漏输出（GPIO_Mode_AF_OD），本项目控制 LED 灯闪烁，仅需要设置成推挽输出即可。

开漏输出（GPIO_Mode_Out_OD）一般用在电平不匹配的场合，如需输出 5 V 的高电平，就需要在外部接一个上拉电阻，电阻一端连接单片机管脚，一端连 5 V 电源。在开漏输出模式时，如果控制输出为 0（低电平），则管脚相当于接地。若控制输出为 1（无法直接输出高电平），则既不输出高电平，也不输出低电平，为高阻态，但由于上拉电阻及 5 V 电源的原因，管脚位置的实际电平也为 5 V。

推挽输出（GPIO_Mode_Out_PP）一般用在 0 V 和 3.3 V 的场合。这种输出模式最常用。推挽输出的低电平是 0 V，高电平是 3.3 V。

复用推挽输出（GPIO_Mode_AF_PP）用作串口的输出。

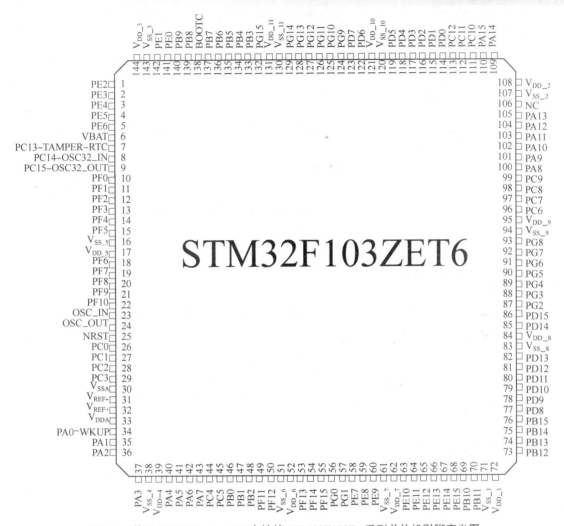

图 2.1　基于 ARM Cortex-M3 内核的 STM32F103Zx 系列单片机引脚定义图

复用开漏输出（GPIO_Mode_AF_OD）用在 IIC。

需要注意的是，所有的开漏输出都需要外接上拉电阻。

3. GPIO_Speed 管脚输出速率

每个管脚可以配置成 3 种最大输出速率，即 2 MHz、10 MHz、50 MHz，又称输出驱动电路的响应速度，芯片内部在 I/O 口的输出部分安排了多个响应速度不同的输出驱动电路，用户可以根据自己的需要选择合适的驱动电路，通过选择速度来选择不同的输出驱动模块，达到最佳的噪声控制和降低功耗的目的。

2.2.2　GPIO 输出库函数

1. 输出电平设置函数

```
void GPIO_ResetBits( GPIO_TypeDef *  GPIOx,uint16_t GPIO_Pin )
```

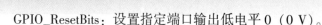

GPIO_ResetBits：设置指定端口输出低电平 0（0 V）。

GPIOx：用来选择 GPIO 管脚分组，x 可以是 A～G。

GPIO_Pin：指定要写入的端口编号。该参数可以是 GPIO_Pin_x 的任意组合，其中 x 可以是 0～15。

返回值：无返回值。

```
void GPIO_SetBits( GPIO_TypeDef *  GPIOx,uint16_t GPIO_Pin )
```

GPIO_SetBits：设置指定端口输出高电平 1（3.3 V）。

GPIOx，用来选择 GPIO 管脚分组，x 可以是 A～G。

GPIO_Pin：指定要写入的端口位。该参数可以是 GPIO_Pin_x 的任意组合，其中 x 可以是 0～15。

返回值：无返回值。

2. 输出电平读取函数

```
uint8_t GPIO_ReadOutputDataBit(GPIO_TypeDef *  GPIOx,uint16_t   GPIO_Pin)
```

GPIO_ReadOutputDataBit：读取指定的 GPIO 输出端口电平，是高电平还是低电平（1/0）。

GPIOx：用来选择 GPIO 分组，其中 x 可以是 A～G。

GPIO_Pin：指定要读取的端口编号。参数是 GPIO_Pin_x，x 可以是 0～15。

返回值：指定输出端口电平值（1/0）。

2.2.3　初始化配置

根据不同的用途，可以自行定义不同名称的输出初始化配置函数，本章使用 LED_Init (void) 来初始化 LED 灯的单片机控制管脚。

```
void LED_Init(void)
{
    GPIO_InitTypeDef    GPIO_InitStruct;
    RCC_APB2PeriphClockCmd(RCC_APB2Periph_GPIOD, ENABLE);
    GPIO_InitStruct.GPIO_Pin = GPIO_Pin_11;
    GPIO_InitStruct.GPIO_Speed = GPIO_Speed_50MHz;
    GPIO_InitStruct.GPIO_Mode = GPIO_Mode_Out_PP;
    GPIO_Init(GPIOD, &GPIO_InitStruct);
    GPIO_SetBits(GPIOD, GPIO_Pin_11);
}
```

配置的基本步骤如下：

（1）定义输出管脚结构体变量

```
GPIO_InitTypeDef    GPIO_InitStruct;
```

GPIO_InitTypeDef 表示结构体类型；GPIO_InitStruct 表示结构体变量名。GPIO_InitStruct 结构体有三个成员变量，分别代表管脚编号、输出速率、输出模式。

（2）使能 I/O 口时钟

使能 APB2 总线外设时钟：

```
RCC_APB2PeriphClockCmd
(RCC_APB2Periph_GPIOA|RCC_APB2Periph_GPIOB|RCC_APB2Periph_GPIOC,
ENABLE);
```

关闭 APB2 总线外设时钟：

```
RCC_APB2PeriphResetCmd
(RCC_APB2Periph_GPIOA|RCC_APB2Periph_GPIOB|RCC_APB2Periph_GPIOC,
DISABLE);
```

如果要使用某个分组的管脚，则必须开启该组管脚的时钟（ENABLE），STM32 单片机为了降低系统能耗，管脚时钟信号默认是关闭的。可以一次只使能一个分组的时钟，如 RCC_APB2Periph_GPIOA；也可以一次使能多个分组的时钟信号，如 RCC_APB2Periph_GPIOA|RCC_APB2Periph_GPIOB，中间用"|"分隔，表示全部使能。

（3）选择管脚编号、设置输出速率和输出模式

```
GPIO_InitStruct.GPIO_Pin = GPIO_Pin_11| GPIO_Pin_12;
GPIO_InitStruct.GPIO_Speed = GPIO_Speed_50MHz;
GPIO_InitStruct.GPIO_Mode = GPIO_Mode_Out_PP;
```

管脚编号是 GPIO_Pin_11 和 GPIO_Pin_12，中间用"|"符号连接。输出速率是50 MHz，输出模式是推挽输出。

（4）绑定管脚分组

```
GPIO_Init(GPIOD, &GPIO_InitStruct);
```

第（3）步的操作已经选择了管脚编号，并对管脚的输出速率和输出模式进行了配置，这一步要确定该管脚编号具体属于哪一个分组，本例中使用了 PD11、PD12 管脚，因此函数的第一个参数设置成 GPIOD。

（5）操作 I/O 口输出电平设置函数，控制 I/O 口输出状态

```
GPIO_ResetBits(GPIOD, GPIO_Pin_11| GPIO_Pin_12);
GPIO_SetBits(GPIOD, GPIO_Pin_11| GPIO_Pin_12);
```

通常在完成输出配置之后，需要给定上电之后管脚的初始电平。如果希望初始输出高电平，使用 GPIO_SetBits 函数；如果希望初始输出低电平，则使用 GPIO_ResetBits 函数。

2.2.4　循环语句

本项目中用到了 C 语言的循环结构，具体代码形式如下：

```
while(表达式)
{
    循环体语句 1;
        …
    循环体语句 n;
}
```

当表达式为非 0 值时，执行 while 循环体中的语句，其特点是先判断表达式，后执行语句。单片机程序中，经常直接用 1 代替了表达式，因此总是非 0 值，所以循环永不结束，也就可以一直让 LED 灯闪烁，将 while(1)称为"死循环"。

注意：循环体语句如果包含一个以上的语句，就必须用花括号（"{}"）括起来，以复合语句的形式出现。如果不加花括号，则 while 语句的循环范围只到 while 后面的第一个分号处。

也可以不要循环体语句，直接用 while(1)程序将一直停在此处，不执行后续代码。

2.3 项目实施

任务 1 点亮一盏彩灯

（1）任务说明

为了验证某个端口的输出电平（0 或 1）是不是由自己编写的程序所控制，可以采用一个非常简单有效的办法，就是在该端口位置接一个发光二极管。当该端口输出低电平时，发光二极管亮；输出高电平时，发光二极管灭。电路图如图 2.2 所示。

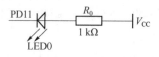

图 2.2　发光二极管电路图

（2）管脚规划

本任务中，由于只需要控制一个 LED 灯，因此只需选择一个单片机管脚作为输出管脚即可，例如可选择 PD11 控制 LED 灯，LED 灯的负极连接单片机管脚，正极接 V_{CC}，因此，PD11 输出低电平时，小灯亮，输出高电平时，小灯灭。

输出管脚配置函数需要在 gpio.c 中进行更改，初始化代码如下：

程序 2.1：

```
void LED_Init(void)
{
    GPIO_InitTypeDef    GPIO_InitStruct;
    RCC_APB2PeriphClockCmd(RCC_APB2Periph_GPIOD, ENABLE);
    GPIO_InitStruct.GPIO_Pin = GPIO_Pin_11;
    GPIO_InitStruct.GPIO_Speed = GPIO_Speed_50MHz;
    GPIO_InitStruct.GPIO_Mode = GPIO_Mode_Out_PP;
    GPIO_Init(GPIOD, &GPIO_InitStruct);
    GPIO_SetBits(GPIOD, GPIO_Pin_11);
}
```

（3）程序设计

单灯点亮程序代码如下：

程序 2.2：

```
#include "stm32f10x.h"
#include "sys.h"
#include "delay.h"
#include "usart.h"
#include "gpio.h"
int main( )
{
    delay_init( );
    uart_init(9600);
    LED_Init( );
    while(1)
    {
        GPIO_ResetBits(GPIOD,GPIO_Pin_11);
    }
}
```

main. c 由头文件调用、初始化配置函数、死循环控制代码三个主要部分构成。

引用的头文件包括两个系统头文件："stm32f10x. h" 和 "sys. h"；延时函数头文件为 "delay. h"，串口通信头文件为 "usart. h"，输出端口配置头文件为 "gpio. h"。初始化配置函数在循环体的外面，所以只执行一次，包括延时初始化 delay_init( )，该函数的功能定义在 delay. c 中实现。串口初始化函数 uart_init(9600)，函数定义在 usart. c 中；输出管脚初始化函数 LED_Init( )，函数定义在 gpio. c 中。

完成初始化配置之后，程序就进入 while(1)死循环，循环执行 GPIO_ResetBits(GPIOD, GPIO_Pin_11)这句代码，其功能是让 PD11 管脚输出低电平，点亮小灯。

思考：如果最后两行代码改成如下形式，程序的执行过程有何变化？最终现象有什么变化？

```
GPIO_ResetBits(GPIOD,GPIO_Pin_13);
while(1);
```

（4）工程测试

新建工程，编写代码并编译通过之后，将 LED1.hex 文件下载到单片机中，能够观察到与 PD11 相连的 LED 灯，在单片机上电之后就被点亮，并一直保持点亮状态。

如果 LED 灯没点亮，可能原因有两个：一是 PD11 管脚没有进行输出配置；二是 SetBits 和 ResetBits 写反了，导致本来是点亮 LED 灯的控制语句写成了熄灭代码。

任务2　单灯闪烁控制

（1）任务说明

任务1介绍了点亮 LED 灯的方法，通过任务1的实践学习，相信读者已掌握通过控制单片机 I/O 口的输出电平来实现 LED 灯亮与灭的方法。在本任务中，将学习通过延时函数来控制彩灯闪烁的操作方法，编写相应的代码。

（2）管脚规划

控制彩灯闪烁额外用到延时函数，所以，在本任务中，将继续使用 D 组管脚中的 11 号管脚做输出，来控制 LED 灯的亮灭。初始化配置函数代码同任务1。

（3）程序设计

单灯闪烁控制程序流程图如图2.3所示。

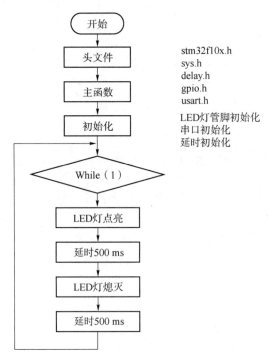

图2.3　单灯闪烁控制程序流程图

如流程图2.3所示，代码首先从主函数 main（ ）开始运行，执行延时函数，然后进入 while

（1）循环，接着点亮 LED 灯，延时 500 ms 后熄灭 LED 灯，继续延时 500 ms，依此类推，反复执行。

例程：Led_Blink 主函数如下：

```c
#include "stm32f10x.h"
#include "sys.h"
#include "delay.h"
#include "usart.h"
#include "gpio.h"
int main( )
{
    delay_init( );
    uart_init(9600);
    LED_Init( );
    while(1)
    {
        GPIO_ ResetBits (GPIOD, GPIO_Pin_11);
        delay_ms(500);
        GPIO_SetBits(GPIOD, GPIO_Pin_11);
        delay_ms(500);
    }
}
```

Led_Blink 是如何工作的？

while (1)是死循环，循环体中的代码重复运行，只要单片机不断电，循环会一直执行下去。单片机控制 PD11 引脚端口输出高电平和低电平之间都延时 500 ms，即输出的高电平和低电平都保持 500 ms 间隔，从而达到发光二极管 LED 以 1 Hz 的频率不断闪烁的效果。

Delay. c 中定义了关于延时的相关函数如下：

```c
void delay_init()
{

#ifdef OS_CRITICAL_METHOD
    u32 reload;
#endif
    SysTick_CLKSourceConfig(SysTick_CLKSource_HCLK_Div8);
    fac_us＝SystemCoreClock/8000000;

#ifdef OS_CRITICAL_METHOD
    reload＝SystemCoreClock/8000000;
    reload*  ＝1000000/OS_TICKS_PER_SEC;

    fac_ms＝1000/OS_TICKS_PER_SEC;
```

```
        SysTick- >CTRL| =SysTick_CTRL_TICKINT_Msk;
        SysTick- >LOAD=reload;
        SysTick- >CTRL| =SysTick_CTRL_ENABLE_Msk;
#else
        fac_ms=(u16)fac_us* 1000;
#endif
}

#ifdef OS_CRITICAL_METHOD

void delay_us(u32 nus)
{
    u32 ticks;
    u32 told,tnow,tcnt=0;
    u32 reload=SysTick- >LOAD;
    ticks=nus* fac_us;
    tcnt=0;
    told=SysTick- >VAL;
    while(1)
    {
        tnow=SysTick- >VAL;
        if(tnow! =told)
        {
            if(tnow<told)
                tcnt+=told- tnow;
            else tcnt+=reload- tnow+told;
            told=tnow;
            if(tcnt>=ticks)break;
        }
    };
}

void delay_ms(u16 nms)
{
    if(OSRunning==TRUE)
    {
        if(nms>=fac_ms)
        {
            OSTimeDly(nms/fac_ms);
        }
        nms% =fac_ms;
    }
    delay_us((u32)(nms* 1000));
}
```

```
void delay_us(u32 nus)
{
    u32 temp;
    SysTick->LOAD=nus* fac_us;
    SysTick->VAL=0x00;
    SysTick->CTRL|=SysTick_CTRL_ENABLE_Msk ;
    do
    {
        temp=SysTick->CTRL;
    }
    while(temp&0x01&&!(temp&(1<<16)));
    SysTick->CTRL&=~SysTick_CTRL_ENABLE_Msk;
    SysTick->VAL =0X00;
}

void delay_ms(u16 nms)
{
    u32 temp;
    SysTick->LOAD=(u32)nms* fac_ms;
    SysTick->VAL =0x00;
    SysTick->CTRL|=SysTick_CTRL_ENABLE_Msk ;
    do
    {
        temp=SysTick->CTRL;
    }
    while(temp&0x01&&!(temp&(1<<16)));
    SysTick->CTRL&=~SysTick_CTRL_ENABLE_Msk;
    SysTick->VAL =0X00;
}
#endif
```

delay_us( )是微秒级的延时，而 delay_ms( )是毫秒级的延时。关于函数的具体定义，都在 delay. c 文件中有具体说明。

while(1)逻辑块中的代码是例程 Led_Blink 的功能主体，先给 PD11 脚输出低电平，由赋值语句 GPIO_ResetBits（GPIOD, GPIO_Pin_11）; 完成，然后调用延时函数 delay_ms（500）;，等待 500 ms，再给 PD11 脚输出高电平，即 GPIO_SetBits(GPIOA, GPIO_Pin_11);，然后再次调用延时 500 ms 函数 delay_ms(500);，这样就完成了一次闪烁。

在程序中，将不会直接看到 GPIOD 和 GPIO_Pin_11 的定义，它们已经在固件函数标准库（stm32f10x_gpio. c 和 stm32f10x_gpio. h）中定义好了，由头文件 stm32f10x. h 包括进来。后续章节中将要用到的其他引脚名称和定义都是如此。

GPIO_SetBits 和 GPIO_ResetBits 这两个函数在 stm32f10x_gpio. h 定义，然后在 stm32f10x_gpio. c 中实现。

（4）工程测试

在本任务中，使用 PD11 端口来控制发光二极管以 1 Hz 的频率不断闪烁。其主要测试步骤如下：

①编写程序。

②接通板上的电源。

③下载并运行程序 Led_Blink. hex（整个过程请参考项目 1）。

④观察与 PD11 连接的 LED 是否周期性地闪烁。

注意：在程序的最后，一定要加一个空行，这是软件的要求，与程序无关。

任务 3   单灯闪烁频率控制

（1）任务说明

前面已经完成了 LED 彩灯的亮灭任务，并能够使用延时函数控制彩灯实现闪烁效果，本任务中，将设计代码控制彩灯的闪烁频率，也就是改变小灯闪烁的快慢。

（2）管脚规划

为了熟悉输出管脚初始化配置过程，本任务使用 F 组管脚中的 9 号管脚做输出，来控制 LED 灯的亮灭。初始化配置函数代码同任务 1。

（3）程序设计

头文件 delay. h 中定义了两个延时函数：void delay_ms（u16 nms）与 void delay_us（u32 nus），具体代码可通过鼠标单击右键 "Go To Defination of" 查看。

delay_us（ ）是微秒级的延时，而 delay_ms（ ）是毫秒级的延时。

如果希望延时 1 s，可以使用语句：

```
delay_ms(1000);
```

1 ms 的延时则用语句：

```
delay_us(1000);
```

注意：括号中的时长参数取值有上限，通常在使用的时候最大以 1 000 为基本单位，如果想延时 2 s，则需要写两遍延时函数：

```
delay_ms(1000);
delay_ms(1000);
```

注意掌握利用不同的延时函数来控制彩灯闪烁频率的方法。在程序中通过调整延时时长达到理想的闪烁效果。

子任务 1：LED 灯快闪一次，再慢闪一次，往复循环闪烁。

main. c 参考程序代码如下：

程序 2.3：

```
#include "stm32f10x.h"
#include "sys.h"
```

```
#include "delay.h"
#include "usart.h"
#include "gpio.h"
int main( )
{
    delay_init( );
    uart_init(9600);
    LED_Init( );
    while(1)
    {
        GPIO_SetBits(GPIOF, GPIO_Pin_9);
        delay_ms(500);
        GPIO_ResetBits(GPIOF, GPIO_Pin_9);
        delay_ms(500);
        GPIO_SetBits(GPIOF, GPIO_Pin_9);
        delay_ms(1000);
        GPIO_ResetBits(GPIOF, GPIO_Pin_9);
        delay_ms(1000);
    }
}
```

以上代码实现了彩灯快速闪烁一次，再缓速闪烁一次的效果。可以借助定义变量的方法来实现一些有趣的彩灯闪烁效果。

子任务 2：一个 LED 灯闪烁越来越快，然后保持在一个较快的闪烁频率不变。

程序 2.4：

```
for(i=0;i<10;i++)        //在程序头部定义 i( int i;或 u8 i;)
{
    GPIO_SetBits( GPIOF, GPIO_Pin_9);
    delay_ms(500- 25* i);      //时延越来越短,闪烁频率越来越快
    GPIO_ResetBits( GPIOF, GPIO_Pin_9);
    delay_ms( 500- 25* i);
}
while(1)
{
    GPIO_SetBits( GPIOF, GPIO_Pin_9);
    delay_ms(200);
    GPIO_ResetBits( GPIOF, GPIO_Pin_9);
    delay_ms(200);
}
```

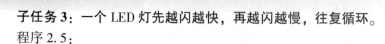

子任务3：一个 LED 灯先越闪越快，再越闪越慢，往复循环。

程序 2.5：

```
while(1)
{
for(i=0;i<10;i++)       //在程序头部定义 i( int i;或 u8 i;)
{
GPIO_SetBits( GPIOF, GPIO_Pin_9);
delay_ms(500- 40* i);    //频率越来越快
GPIO_ResetBits( GPIOF, GPIO_Pin_9);
delay_ms( 500- 40* i);
}
for(i=0;i<10;i++)       //记得定义 i
{
GPIO_SetBits( GPIOF, GPIO_Pin_9);
   delay_ms(100+40* i);      //频率越来越慢
   GPIO_ResetBits( GPIOF, GPIO_Pin_9);
   delay_ms( 100+40* i);
}
}
```

（4）工程测试

可以看到，在本任务中，实现了小灯闪烁频率的控制。首先是一次快一次慢交替闪烁，然后改进成越来越快并稳定在一个较快的闪烁频率，最后是闪烁越来越快，再越闪越慢，往复循环。到此，相信读者已初步掌握了节日彩灯程序的设计方法。

任务4　花样流水灯控制

（1）任务说明

本任务设计了 LED0～LED7 八盏彩灯。前面详细描述了如何配置 STM32 单片机的管脚输出模式，通过程序控制产生特定输出电平信号以及配置延时函数实现彩灯闪烁效果。本次任务中，需要参照闪烁示意图，编写花样流水彩灯程序。

闪烁图样 1 如图 2.4 所示，黑色实心圆圈表示 LED 灯亮，空心圈表示 LED 灯灭，整个闪烁过程只有两种不同图案，先是上面 4 个灯全亮，然后下面 4 个灯全亮，往复循环。本任务以图 2.4 所示的图样为例进行程序设计和说明，图 2.5～图 2.7 所示的三个图样自行练习。

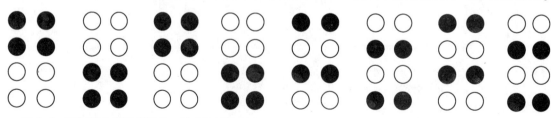

图 2.4　花样流水灯闪烁图样 1 的功能示意图　　　图 2.5　花样流水灯闪烁图样 2 的功能示意图

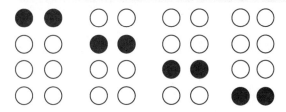

图 2.6　花样流水灯闪烁图样 3 的功能示意图

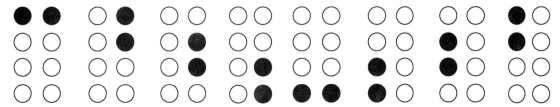

图 2.7　花样流水灯闪烁图样 4 的功能示意图

（2）管脚规划

本任务需要控制 8 个 LED 灯，因此需要选择 8 个管脚作为输出端口，例如，可选择 D11～D14、F11～F14 管脚控制彩灯。前面的任务都是 LED_Init（void）中配置一个输出管脚，本例中要同时完成 8 个输出管脚的配置。

程序 2.6：

```
void LED_Init(void)
{
    GPIO_InitTypeDef    GPIO_InitStruct;
    //同时使能 D 组和 F 组端口时钟
    RCC_APB2PeriphClockCmd(RCC_APB2Periph_GPIOD| RCC_APB2Periph_GPIOF, ENABLE);
    //同时选择 11～14 编号管脚
    GPIO_InitStruct. GPIO_Pin = GPIO_Pin_11| GPIO_Pin_12| GPIO_Pin_13 | GPIO_Pin_14;
    GPIO_InitStruct. GPIO_Speed = GPIO_Speed_50MHz;
    GPIO_InitStruct. GPIO_Mode = GPIO_Mode_Out_PP;
    GPIO_Init(GPIOD, &GPIO_InitStruct);    //选定 D 组分组，即完成 D11～D14 的输出管脚配置
    //重复上述配置过程
    GPIO_InitStruct. GPIO_Pin = GPIO_Pin_11| GPIO_Pin_12| GPIO_Pin_13 | GPIO_Pin_14;
    GPIO_InitStruct. GPIO_Speed = GPIO_Speed_50MHz;
    GPIO_InitStruct. GPIO_Mode = GPIO_Mode_Out_PP;
    GPIO_Init(GPIOF, &GPIO_InitStruct);    //选定 F 组分组，即完成 F11～F14 的输出管脚配置
    //8 个 LED 灯初始全灭
    GPIO_ SetBits (GPIOD, GPIO_Pin_11| GPIO_Pin_12| GPIO_Pin_13 | GPIO_Pin_14);
    GPIO_ SetBits (GPIOF, GPIO_Pin_11| GPIO_Pin_12| GPIO_Pin_13 | GPIO_Pin_14);
}
```

思考：上述配置过程能否进行简化？

考虑到进行 F11～F14 的管脚配置时，除了分组号不同，其他结构体成员变量的值与

D11~D14 配置时完全一致，不需要重新赋值更改，因此直接再选择一次分组即可。

程序 2.7：

```
void LED_Init(void)
{
    GPIO_InitTypeDef    GPIO_InitStruct;
    RCC_APB2PeriphClockCmd(RCC_APB2Periph_GPIOD| RCC_APB2Periph_GPIOF, ENABLE);
    GPIO_InitStruct. GPIO_Pin = GPIO_Pin_11| GPIO_Pin_12| GPIO_Pin_13| GPIO_Pin_14;
    GPIO_InitStruct. GPIO_Speed = GPIO_Speed_50MHz;
    GPIO_InitStruct. GPIO_Mode = GPIO_Mode_Out_PP;
    GPIO_Init(GPIOD, &GPIO_InitStruct);
    GPIO_Init(GPIOF, &GPIO_InitStruct);
}
```

注意，本例中是因为 D 组和 F 组的管脚编号、管脚速率、输出模式完全一致，才可以省略重新赋值的过程，如果三个成员变量有不一致的地方，则必须重新赋值。例如，F 组如果配置的是 F9~F12 管脚，则需要在确定 F 组分组之前增加一句管脚编号选择的代码。

```
GPIO_Init(GPIOD, &GPIO_InitStruct);
GPIO_InitStruct. GPIO_Pin = GPIO_Pin_9| GPIO_Pin_10| GPIO_Pin_11| GPIO_Pin_12;
GPIO_Init(GPIOF, &GPIO_InitStruct);
```

（3）程序设计

8 灯流水闪烁控制程序流程图如图 2.8 所示。

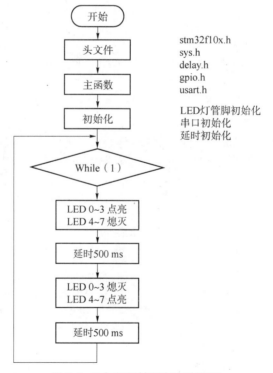

图 2.8　8 灯闪烁控制程序流程图

　　如流程图 2.8 所示，代码首先从主函数 main( ) 开始运行，执行延时函数，然后进入 while(1) 循环，接着点亮 LED 0~3 灯，熄灭 LED 4~7 灯，延时 500 ms 后，点亮 LED 4~7 灯，熄灭 LED 0~3 灯，继续延时 500 ms，依此类推，反复执行。

　　例程：Led8_Blink 主函数

　　程序 2.8：

```
#include "stm32f10x.h"
#include "sys.h"
#include "delay.h"
#include "usart.h"
#include "gpio.h"
int main( )
{
    delay_init( );
    uart_init(9600);
    LED_Init( );
    while(1)
    {
        GPIO_ ResetBits (GPIOD, GPIO_Pin_11| GPIO_Pin_12| GPIO_Pin_13| GPIO_Pin_14);
        GPIO_ SetBits (GPIOF, GPIO_Pin_11| GPIO_Pin_12| GPIO_Pin_13| GPIO_Pin_14);
        delay_ms(500);
        GPIO_ ResetBits (GPIOF, GPIO_Pin_11| GPIO_Pin_12| GPIO_Pin_13| GPIO_Pin_14);
        GPIO_ SetBits (GPIOD, GPIO_Pin_11| GPIO_Pin_12| GPIO_Pin_13| GPIO_Pin_14);
        delay_ms(500);
    }
}
```

　　(4) 工程测试

　　程序编写调试成功后，下载到单片机上观察现象，正确现象应该是 4 个灯交替同时点亮。如果现象不对，可进行进一步分析。

　　问题 1：部分 LED 灯没有点亮。需要检查 8 个控制管脚是否全部初始化配置完成，管脚编号和管脚分组是否正确，控制管脚与 LED 灯的连接是否正确。

　　问题 2：闪烁图样与设计的不一致。需要检查 while(1) 中，点亮和熄灭 LED 灯的控制代码时序关系是否正确。不同行的代码在执行过程中虽然有时间上的前后顺序关系，但只要代码行之间没有延时函数，则可以认为代码同时生效，灯可以同时被点亮或熄灭。

2.4　项目总结

　　本项目通过节日彩灯的案例，介绍了 STM32 单片机输出管脚的初始化配置方法，以及输出信号高低电平的程序设计方法、延时函数的使用方法等。多输出管脚同时配置时，需要

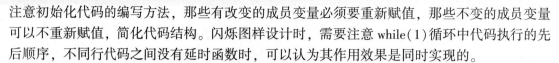

注意初始化代码的编写方法，那些有改变的成员变量必须要重新赋值，那些不变的成员变量可以不重新赋值，简化代码结构。闪烁图样设计时，需要注意 while(1) 循环中代码执行的先后顺序，不同行代码之间没有延时函数时，可以认为其作用效果是同时实现的。

通过节日彩灯的项目学习，应该掌握如下知识和技能：

①STM32 系列单片机的引脚定义和分布。

②了解 STM32 系列单片机的时钟系统结构，熟悉给 STM32 单片机不同的外设设置不同的时钟。

③熟悉 STM32 单片机 GPIO 端口的配置流程和方法。

④使用 STM32 单片机的端口输出控制彩灯闪烁。

习　题

1. 在进行 GPIO 管脚初始化的时候，通常需要配置哪几个成员变量？

2. 当表达式为非 0 值时，执行 while 循环体中的语句，其特点是什么？

3. 在单片机程序中，通常将 while(1) 称为什么？以下两种写法有什么区别？

情况 1：

```
main ( )
{
while(1)
{
   …
}
}
```

情况 2：

```
main ( )
{
   …
   while(1);
}
```

4. 如何实现 LED 灯越闪越快，再越闪越慢，最后保持在固定频率不变？

项目 3　液晶广告牌

3.1　项目分析

3.1.1　LCD 液晶屏

　　LCD（Liquid Crystal Display，液晶显示器）是各种嵌入式智能设备中应用广泛的显示设备，如手机、测控仪表仪器、电器遥控器、笔记本电脑，都有使用 LCD 作为显示设备的。在家用电器和办公设备上更是常见，如电视机、传真机、复印件、计算器等。本章介绍 LCD 接口编程，向用户显示系统数据和信息，如应用 LCD 作为串口下发信息的显示窗口，使单片机能够动态显示广告牌信息。通过本项目学习，可以掌握 STM32 单片机的 LCD1602 显示接口编程技术。

　　我们知道，物质有固态、液态、气态等形态。液体分子的排列虽然不具有任何规律性，但是如果这些分子是长形或扁形（杆状），它们的分子指向就可能有规律性，于是就可将液态又细分为许多形态。分子方向没有规律性的液体直接称为液体，而分子具有方向性的液体则称为"液态晶体"（Liquid Crystal），简称液晶（LC）。

　　液晶显示器具有如下特点：

　　①低压、微功耗，平板型结构，显示信息量大（因为像素可以做得很小）。

　　②被动显示型（无眩光、不刺激眼，不会引起眼睛疲劳）。

　　③易于彩色化（在色谱上可以非常准确地复现）。

　　④无电磁辐射（对人体安全，利于信息保密）。

　　⑤长寿命（液晶几乎没有劣化问题，寿命长，但是液晶背光寿命有限，需要更换）。

3.1.2 背光和对比度

液晶是一种介于固态与液态之间的物质，本身是不能发光的，需借助额外的光源才行。因此，液晶显示屏背面需要有背光源。同时，制造 LCD 时选用的控制电路和滤光板等配件，与液晶显示的对比度有关，对一般的应用，对比度达到 350∶1 就可以了。对比度很重要，要看出显示的明暗对比，就要靠对比度的高低来实现。

需要注意的是，在调试程序时，如果液晶没有显示数据，也有可能是背光或者对比度的调节有问题，只需将背光亮度或对比度调高，即能够正常显示。

3.1.3 LCD1602 液晶屏

目前的 LCD（Liquid Crystal Display Module，LCD）模块主要分为段码型显示和点阵型显示。段码型是最早、最普通的显示方式，如计算器、电子表等。随着电子技术的发展，出现了越来越多的数码产品，比如 MP3、于机、数码相框等，这些都是点阵型 LCD。点阵型 LCD 分为字符点阵型和图形点阵型。

本项目介绍的是字符点阵型液晶显示模块，它是一种专门用于显示字母、数字、符号等的点阵型液晶显示模块。每一个显示的字符（或字母、数字等）是由 5×7 或 5×10 点阵组成。

图 3.1 是一个字符点阵型 LCD 实物图，模块组件内部主要由 LCD 显示屏（LCD PANEL）、控制器（controller）、驱动器（driver）和偏压产生电路构成。常采用 HITACHI（日立）公司的 HD44780U、SAMSUNG（三星）的 KS0066U 或 SUNPLUS（凌阳）公司的 SPLC780D 作为 LCD 的控制器。这三种控制器兼容，主要由指令寄存器 IR、数据寄存器 DR、忙标志 BF、地址计数器 AC、显示数据缓冲区 DDRAM、字符发生器 CGROM 和 CGRAM，以及时序发生电路等组成。可以使用 CGRAM 来存储自己定义的最多 8 个 5×8 点阵的图形字符的字模数据。提供了丰富的指令设置：清显示；光标回原点；显示开/关；光标开关；显示字符闪烁；光标移位、显示移位等。LCD 可设置为 4 位或 8 位数据传输模式。图 3.1 所示的 LCD 可以显示 2 行，每行显示 16 个点阵字符，俗称 1602；带有字库，能显示所有 ASCII 字符。

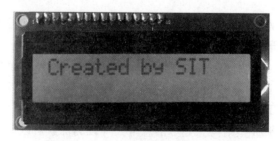

图 3.1 1602 字符点阵型 LCD 实物图

本项目一共完成了 3 个子任务，按照单片机向 PC 机串口发送数据、LCD 显示固定信息、液晶广告牌的顺序展开内容，具体的任务说明与技能要求见表 3.1。

表 3.1　任务说明与技能要求

序号	任务名称	任务说明	技能要求
1	单片机向 PC 机串口发送数据	单片机每隔 1 s 通过串口向 PC 机发送同样的信息"STM32 单片机串口测试"	1. 调用 printf 函数，通过串口输出数据。 2. 串口初始化配置函数调用方法。 3. 波特率的定义及计算方法
2	LCD 显示固定信息	利用 LCD 屏幕显示数据，第 1 行显示"stm32f103zet6"，第 2 行显示"STM32F103ZET6"	1. LCD1602 管脚配置方法。 2. 显示函数 LCD1602_Show_Str（1, 0, str）；调用方法
3	液晶广告牌	PC 机通过串口发送任意字符，LCD 屏幕都会显示同样的字符信息，并会根据 PC 机发送内容同步更新	1. 单片机串口数据接收。 2. LCD 清屏指令的使用。 3. 接收串口缓冲区数据，并进行显示的方法

3.2　技术准备

为了实现单片机向 PC 机串口发送数据、LCD 显示固定信息、液晶广告牌的项目任务要求，首先应理解 LCD 的原理，以及如果 LCD 没有显示，可能的原因是什么；单片机与 LCD 之间的数据是双向（可读可写）的，了解 STM32 单片机系统中双向 I/O 端口是如何设置的；掌握 LCD1602 的使用方法（初始化和显示信息）等，因此，将 usart 串口通信功能、LCD1602 硬件接口、LCD1602 相关函数介绍这三方面作为切入点来为项目提供相应的技术准备。

3.2.1　usart 串口通信功能

现实生活中，我们总是要与人打交道，互通有无，单片机也一样，需要跟各种设备交互。例如，汽车的显示仪表需要知道汽车的转速及电动机的运行参数，那么显示仪表就需要从汽车的底层控制器取得数据。而这个数据的获得过程就是一个通信过程。通信的双方需要遵守一套既定的规则（也称为协议），这就好比人与人之间的对话，双方都遵守一套语言语法规则才有可能实现对话。

通信协议又分为硬件层协议和软件层协议。硬件层协议主要规范了物理上的连线、传输电平信号及传输的秩序等硬件性质的内容。常用的硬件协议有串口、IIC、SPI、CAN 和 USB。软件层协议则更侧重上层应用的规范，比如 Modbus 协议。

STM32 单片机的串口通信协议（简称串口）具有以下特征：

①物理上的连线至少 3 根，分别是 Tx 数据发送线、Rx 数据接收线、GND 共用地线。

②0 与 1 的约定。RS232 电平，约定-5 ~ -25 V 之间的电压信号为 1，+5 ~ +25 V 之间的电压信号为 0；TTL 电平，约定 5 V 的电压信号为 1，0 V 电压信号为 0；CMOS 电平，约定 3.3 V 的电压信号为 1，0 V 电压信号为 0。其中，CMOS 电平一般用于 ARM 芯片中。

③发送顺序。低位先发。

④波特率。收发双方共同约定的一个数据位（0 或 1）在数据传输线上维持的时间。也可理解为每秒可以传输的位数。常用的波特率有 9 600 b/s、115 200 b/s 等。

⑤通信的起始信号。

⑥通信的停止信号。

上述特点中，编程过程中涉及的主要就是波特率的选择，其他例如发送秩序、起始信号、停止信号等相关内容，都已经在串口初始化函数 uart_init(9600) 中完成，不需要开发者进行更改和调试。

物理管脚的定义也已经在 usart.c 中完成，其中，串口接收管脚 RX 在 STM32 单片机上固定为 PA10 管脚，其管脚模式为浮空输入；串口发送管脚 TX 固定为 PA9 管脚，管脚模式为复用推挽输出。因此，PA9、PA10 管脚不作为普通 I/O 口使用，而是专门用来做串口通信。

由 RX、TX 组成的串口通信经常被用于程序检测、系统反馈、单片机通信等方面，对学习单片机程序具有很大的帮助。在程序中调用串口函数时，需要完成以下步骤：

①引用头文件：#include "usart.h"。

②在 main 函数中初始化串口配置，主要是完成波特率设置：uart_init(9600)；。9 600 表示传输速率，常用的传输速率还有 115 200。

3.2.2　LCD1602 硬件接口

本节主要是对 LCD1602 管脚定义和控制功能进行介绍和说明。其他诸如操作时序、控制器指令和状态字、初始化过程、数据指针设置等细节内容可阅读 LCD1602 使用手册。本书在实际开发过程中，开发者只需要设计好硬件管脚连接即可，LCD 显示功能都可以直接调用函数 LCD1602_Show_Str(1,0,str)；来实现。

表 3.2 为 LCD1602 的引脚说明。

V0：接可调电位器，可调对比度。若直接接地，对比度最高。

RS：数据或者命令选择端。当 MCU 要写入指令给 LCD 或者从 LCD 读状态时，应使 RS 为低电平；当 MCU 要写入数据给 LCD 时，应使 RS 为高电平。从 LCD 读数据一般没有必要。

R/W：读写控制端。R/W 为高电平时，表示读；R/W 为低电平时，表示写。

E：LCD 模块使能信号控制端。单片机需要联合通过 RS、RW 和 E 这三个端口来控制LCD 模块。

D0~D7：8 位数据总线，三态双向，用于接收指令和数据。该模块也可以只使用 4 位数据线，此时 D0~D3 引脚内部是断开的，使用 D4~D7 接口接收数据。在嵌入式系统的实际应用中，一般采用 8 位模式，只有当系统引脚不够时，才使用 4 位数据线模式（使用此方式传送数据时，需分两次进行）。

BLA：需要背光时，BLA 串接一个限流电阻接 VCC，BLK 接地。

BLK：背光地端。

表 3.2　LCD1602 引脚说明

编号	符号	引脚说明	编号	符号	引脚说明
1	GND	电源地	9	D2	双向数据口
2	VCC	电源正极	10	D3	双向数据口
3	V0	对比度调节	11	D4	双向数据口
4	RS	数据/指令选择	12	D5	双向数据口
5	R/W	读/写选择	13	D6	双向数据口
6	E	模块使能端	14	D7	双向数据口
7	D0	双向数据口	15	BLA	背光源正极
8	D1	双向数据口	16	BLK	背光源地

3.2.3　LCD1602 相关函数

1. LCD1602 管脚初始化函数

LCD1602 管脚连接如下：VSS，V0，BLK→GND，VDD→5 V，BLA→3.3 V，RS→C15，RW→C14，EN→C13，数据端口 D0~D7→G0~G7，如图 3.2 所示。

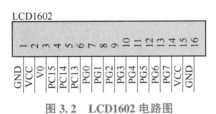

图 3.2　LCD1602 电路图

LCD1602 管脚初始化配置 LCDGPIO_Init(void)，在 gpio.c 中有具体如下定义：

```
void LCDGPIO_Init(void)
{
    GPIO_InitTypeDef GPIO_InitStructure;
    RCC_APB2PeriphClockCmd(RCC_APB2Periph_GPIOG, ENABLE);
    GPIO_InitStructure.GPIO_Pin=GPIO_Pin_0|GPIO_Pin_1|GPIO_Pin_2|GPIO_Pin_3|GPIO_Pin_4|
    GPIO_Pin_5|GPIO_Pin_6|GPIO_Pin_7;                //接上一行代码,8 位串行通信数据线
    GPIO_InitStructure.GPIO_Mode = GPIO_Mode_Out_PP;    //推挽输出
    GPIO_InitStructure.GPIO_Speed = GPIO_Speed_50MHz;
    GPIO_Init(GPIOG, &GPIO_InitStructure);
    RCC_APB2PeriphClockCmd(RCC_APB2Periph_GPIOC, ENABLE);
    GPIO_InitStructure.GPIO_Pin = GPIO_Pin_13|GPIO_Pin_14|GPIO_Pin_15;
    GPIO_InitStructure.GPIO_Mode = GPIO_Mode_Out_PP;
    GPIO_InitStructure.GPIO_Speed = GPIO_Speed_50MHz;
```

```
        GPIO_Init(GPIOC, &GPIO_InitStructure);
    }
```

本书中使用了 G0~G7 作为数据端口，C13~C15 作为控制端口，可根据实际情况自行设计更改。

2. LCD1602 初始化配置

LCD1602 编程涉及有许多函数，最常用的 LCD1602_Init(void) 函数代码如下：

```
void LCD1602_Init(void)
{
    LCDGPIO_Init();                  //数据和控制管脚初始化
    LCD1602_Write_Cmd(0x38);         //16*2 显示,5*7 点阵,8 位数据口
    LCD1602_Write_Cmd(0x0c);         //开显示,光标关闭
    LCD1602_Write_Cmd(0x06);         //文字不动,地址自动+1
    LCD1602_Write_Cmd(0x01);         //清屏
}
```

LCD1602_Init(void) 函数的第一句就是管脚初始化函数 LCDGPIO_Init();，因此，实际使用过程中，初始化只调用 LCD1602_Init(void) 函数即可。

3. LCD1602 屏幕显示函数

程序想要显示一串字符信息 str，直接调用 LCD1602_Show_Str(0, 0, str)；即可。该函数有 3 个参数，依次表示显示坐标起点的列（0~15）、行（0~1），以及显示的具体信息 str。屏幕一共可以显示两行数据，每行可以显示 16 个字符，使用 LCD1602 显示信息时，需要完成如下步骤：

首先引用头文件，#include "LCD1602.h"，然后在 main.c 文件中利用 LCD1602_Init(void) 函数完成 LCD1602 屏幕初始化，最后调用 LCD1602_Show_Str(0,0,str)；函数显示给定信息。

```
void LCD1602_Wait_Ready(void)
{
    u8 sta;

    DATAOUT(0xff);
    LCD_RS_Clr();
    LCD_RW_Set();
    do
    {
        LCD_EN_Set();
        delay_ms(5);                                    //延时 5 ms,非常重要
        sta = GPIO_ReadInputDataBit(GPIOG, GPIO_Pin_7);  //读取状态字
        LCD_EN_Clr();
    }while(sta & 0x80);//bit7 等于 1 表示液晶正忙,重复检测,直到其等于 0 为止
}
```

```c
/*  向 LCD1602 液晶写入一字节命令,cmd 为待写入命令值 */
void LCD1602_Write_Cmd(u8 cmd)
{
    LCD1602_Wait_Ready();
    LCD_RS_Clr();
    LCD_RW_Clr();
    DATAOUT(cmd);
    LCD_EN_Set();
    LCD_EN_Clr();
}


/*  向 LCD1602 液晶写入一字节数据,dat 为待写入数据值 */
void LCD1602_Write_Dat(u8 dat)
{
    LCD1602_Wait_Ready();
    LCD_RS_Set();
    LCD_RW_Clr();
    DATAOUT(dat);
    LCD_EN_Set();
    LCD_EN_Clr();
}


/*  清屏 */
void LCD1602_ClearScreen(void)
{
    LCD1602_Write_Cmd(0x01);


}

/*  设置显示 RAM 起始地址,即光标位置,(x,y)为对应屏幕上的字符坐标 */
void LCD1602_Set_Cursor(u8 x, u8 y)
{
    u8 addr;

    if (y == 0)
        addr = 0x00 + x;
    else
        addr = 0x40 + x;
    LCD1602_Write_Cmd(addr | 0x80);
}
```

```
/*  在液晶上显示字符串,(x,y)为对应屏幕上的起始坐标,str 为字符串指针 * /
void LCD1602_Show_Str(u8 x, u8 y, u8 * str)
{
    LCD1602_Set_Cursor(x, y);
    while(* str ! = ' \0')
    {
        LCD1602_Write_Dat(* str++);
    }
}
```

3.3 项目实施

任务1 单片机（下位机）向 PC 机（上位机）串口发送数据

（1）任务说明

单片机每隔1 s通过串口向 PC 机发送同样的信息"STM32 单片机串口测试"。串口发送的函数可以直接使用 printf 语句，其功能就是通过串口向单片机外部发送信息。

（2）管脚规划

由于单片机上负责串口收发的管脚是固定的（Rx:PA10，Tx:PA9），直接引用头文件#include "usart. h"，再在 main 函数中初始化串口配置：uart_init(9600)。

（3）程序设计

```
#include "stm32f10x.h"
#include "sys.h"
#include "delay.h"
#include "usart.h"
int main(void)
{
    delay_init();
    uart_init(9600);
    while(1)
    {
        printf("STM32 单片机串口测试");
        delay_ms(1000);
    }
}
```

（4）工程测试

编写代码并编译通过之后，将相应 HEX 文件下载到单片机中，串口助手波特率需要设置成 9 600，单击打开串口，能够观察到 XCOM 接收窗口，每隔 1 s，显示一行 STM32 单片机串口测试,如图 3.3 所示。

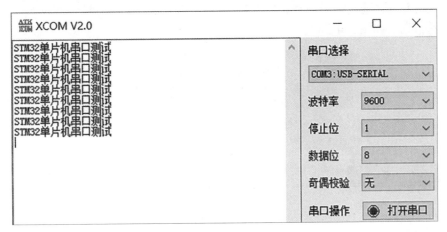

图 3.3 PC 机串口接收

任务 2 LCD 显示固定信息

(1) 任务说明

单片机上电之后,LCD1602 第 1 行显示"stm32 f103zet6",第 2 行显示"STM32F103ZET6"。使用函数 LCD1602_Show_Str(1, 0, str);显示控制语句。

(2) 管脚规划

驱动 LCD1602 显示信息需要 8 个数据管脚(G0~G7),以及 3 个控制管脚(C13~C15),这些管脚的初始化工作在 LCDGPIO_Init(void)函数中完成,该函数的具体定义则在 LCD1602.c 中实现。在 3.2.3 节中,有关于该函数的具体内容说明。

LCD1602:管脚 VSS/V0/BLK 连 GND,VDD 连 5 V,BLA 连 3.3 V,RS 连 PC15,RW 连 PC14,EN 连 PC13,数据端口 D0~D7 分别连接 PG0~PG7。

(3) 程序设计

```c
#include "stm32f10x.h"
#include "sys.h"
#include "delay.h"
#include "gpio.h"
#include "lcd1602.h"
int main(void)
{
    u8 str[] = "stm32 f103zet6";              //为数组赋字符串
    delay_init( );
    LCD1602_Init( );
    LCD1602_Show_Str(1, 0, str);             //显示数组 str[],从第 1 行第 1 列开始显示字符
    LCD1602_Show_Str(2, 0, "STM32F103ZET6");
//直接显示双引号中的内容,从第 2 行第 1 列开始显示字符
    while(1);
}
```

（4）工程测试

编写代码并编译通过之后，将相应 HEX 文件下载到单片机中，能够观察到 LCD1602 屏幕上的显示信息，如图 3.4 所示。

图 3.4　LCD1602 显示信息

任务 3　液晶广告牌

（1）任务说明

单片机与 PC 机通过串口线相连，并运行程序；在 PC 机上打开串口助手，在"发送"栏中输入任意字符，单击"发送"按钮，LCD1602 将显示通过串口助手所发送的字符信息。

注意：本项目 LCD1602 仅支持英文和数字显示，不支持中文字符，如果需要显示中文字符，还需要在工程中添加相应的中文字库。

（2）管脚规划

单片机管脚规划，以及初始化配置方法同任务 2。

（3）程序设计

```c
#include "stm32f10x.h"
#include "sys.h"
#include "delay.h"
#include "usart.h"
#include "gpio.h"
#include "lcd1602.h"
int main(void)
{
    int reclen, i;
    delay_init();
    uart_init(9600);
    LCD1602_Init();
    while(1)
    {
        if(USART_RX_STA&0X8000)                      //如果串口收到数据
        {
            reclen=USART_RX_STA&0X7FFF;              //得到数据长度
            USART_RX_BUF[reclen]=0;                  //加入结束符
LCD1602_Write_Cmd(0x01);                             //1602 清屏
            LCD1602_Show_Str(1, 0, USART_RX_BUF);    //LCD 显示接收到的数据
            for(i=0;i<=200;i++)                       //清除数组 USART_RX_BUF[]
            {
                USART_RX_BUF[i]=0;
```

```
            }
USART_RX_STA=0;                              //清除标志位,以便下次接收
        }
    }
}
```

程序中的 USART_RX_STA 表示接收状态标记，是一个 16 位的数值，最高位为 1 时，表示串口接收到数据，为 0 则没有接收数据。USART_RX_BUF[reclen] 表示串口接收数据缓冲区，接收到数据都存入这个数组，最大缓冲区长度是 200 B。

（4）工程测试

编写代码并编译通过之后，将相应 HEX 文件下载到单片机中，上位机串口助手输入英文广告语，单击"发送"按钮，则 LCD1602 屏幕上就能显示下发的信息，如图 3.5 所示。

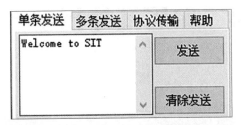

图 3.5　液晶广告牌

3.4　项目总结

本项目重点介绍了 LCD1602 液晶屏的驱动原理，以及 STM32 单片机编程。

①了解 STM32 系列单片机串口引脚和串口通信的编程方法。

②了解 C 语言中的数组在 STM32 中的使用。

③熟悉 STM32 单片机 GPIO 端口的配置流程和方法。

④使用串口调试软件发送数据给单片机，让 LCD1602 显示。

习　题

1. LCD1602 液晶显示屏有哪些特点？

2. 若实现上位机与下位机间串口通信，需要配置哪些参数才能够保证正常数据传输？

项目 4 家居红外报警系统

4.1 项目分析

通过前面的学习，读者已经掌握如何用单片机的 I/O 接口来控制 LED 灯的亮灭。本项目将学习如何使用这些端口来获取外界信息，即将 STM32 单片机端口作为输入端口使用，以及单片机输入管脚配置方法。通过这个项目，学习利用 STM32 单片机来检测按键状态作为输入反馈，利用输出管脚输出声光控制。

比如通过获取按键的信息进行人机交互，或给系统增加红外传感器来判断是否碰到了障碍物。实际上，对于任何一个嵌入式系统，如自动控制系统，都可能需要通过传感器获取外界信息，由计算机或单片机根据反馈的信息进行计算和决策，生成控制命令，然后通过输出端口去控制系统相应的执行机构，完成相关任务。

因此，学习如何使用 STM32 单片机的输入接口与学习使用输出接口同等重要。本项目除了学习按键检测方法外，还在系统前端安装了两个红外传感器，通过红外传感器来检测障碍物信息，出现障碍物时，LED 灯和蜂鸣器声光报警，依此实现家居红外报警系统功能。

本项目一共完成 5 个子任务，按照单按键控制 LED 灯、单按键控制蜂鸣器、多按键组合控制 LED 灯、双红外传感器障碍物检测以及智能家居红外报警系统的顺序展开内容，具体的任务说明与技能要求见表 4.1。

表 4.1 任务说明与技能要求

序号	任务名称	任务说明	技能要求
1	单按键控制 LED 灯	按键按下，控制 LED 灯闪烁一次	1. STM32 单片机管脚输入模式配置方法。 2. 按键输入检测程序实现方法。 3. if 分支选择结构实现方法

序号	任务名称	任务说明	技能要求
2	单按键控制蜂鸣器	按键控制蜂鸣器报警，每按下一次，切换一次工作状态	1. 输出管脚电平检测方法。 2. 利用变量记录按键按下次数的方法。 3. 蜂鸣器管脚初始化配置，以及驱动报警方法
3	多按键组合控制 LED 灯	两个按键控制一个 LED 灯：一个按键控制 LED 灯亮，另一个按键控制 LED 灯灭，如果两个按键同时按下，则 LED 灯闪烁	1. 条件判断中的逻辑与。 2. 多输入管脚配置方法。 3. 利用宏定义简化函数调用
4	双红外传感器障碍物检测	两个红外传感器中的任意一个检测到前方有障碍物时，LED 灯长亮，障碍物移开后，LED 灯熄灭	1. 条件判断中的逻辑或。 2. 红外传感器检测原理及使用方法
5	智能家居红外报警系统	利用前后两个红外传感器检测人员进出，有外人闯入时，蜂鸣器持续鸣响报警 5 s，人员外出时，蜂鸣器"嘟嘟"三声提示	1. 人员进出方向的程序判断方法。 2. 蜂鸣器不同报警方式的实现方法

4.2　技术准备

4.2.1　GPIO 的输入方式及其特点

每个 GPIO 端口有两个 32 位配置寄存器（GPIOx_CRL 和 GPIOx_CRH）、两个 32 位数据寄存器（GPIOx_IDR 和 GPIOx_ODR）、一个 32 位置位/复位寄存器（GPIOx_BSRR）、一个 16 位复位寄存器（GPIOx_BRR）和一个 32 位锁定寄存器（GPIOx_LCKR）。

GPIO 端口具有 4 种输入模式：浮空输入、上拉输入、下拉输入、模拟输入。本项目重点介绍最常用的上拉输入、下拉输入两种输入模式。

上拉输入：外部端口不作用时，单片机检测输入为高电平，外部端口作用后，单片机检测输入为低电平。程序运行时，如果检测到该管脚为低电平，代表按键按下。

IPU 模式配置语句为 GPIO_InitStructure.GPIO_Mode = GPIO_Mode_IPU;，该模式下，外部输入信号发生改变时，输入管脚电平变化如图 4.1 所示。

下拉输入：是在外部端口不作用的时候单片机检测输入为低电平，在外部端口作用后，单片机检测输入为高电平。程序运行时，如果检测到该管脚为低电平，代表按键按下。

图 4.1　IPU 模式下管脚电平变化

IPD 模式配置语句为 GPIO_InitStructure.GPIO_Mode = GPIO_Mode_IPD；，该模式下，外部输入信号发生改变时，输入管脚电平变化如图 4.2 所示。

图 4.2 IPD 模式下管脚电平变化

程序设计时，针对某个输入管脚具体配置成哪种输入模式，与管脚所连接的外部信号特性密切相关，本节以按键检测为例进行详细说明。为了检测按键是否被按下，可以将按键与STM32 单片机的 I/O 端口相连。按键的两种不同硬件电路结构如图 4.3 所示。

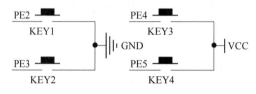

图 4.3 按键电路结构图

该电路结构中，有两种不同的硬件连接方式：

（1）按键 KEY1 和 KEY2

一端连地，另一端连接单片机管脚，当按键按下时，单片机管脚必定为低电平，为了能检测到管脚电平变化，则需要把输入管脚配置成 IPU 模式，即初始电平为高电平。其电平变化如图 4.1 所示。

（2）按键 KEY3 和 KEY4

一端连 3.3 V，另一端连接单片机管脚，当按键按下时，单片机管脚必定变成高电平。为了能检测到管脚电平变化，则需要把输入管脚配置成 IPD 模式，即初始电平为低电平，其电平变化如图 4.2 所示。

4.2.2 输入管脚初始化配置

对于输入管脚配置，根据不同应用，可以自行编写初始化函数，在按键 GPIO 初始化函数 KEY_Init 中，将 PE0 设置为按键输入引脚。下面的代码是将 PE0 端口设置为上拉输入模式（IPU）。

```
void KEY_Init(void)
{
    GPIO_InitTypeDef    GPIO_InitStructure;                          //定义结构体变量
    RCC_APB2PeriphClockCmd(RCC_APB2Periph_GPIOE, ENABLE);           //E 组管脚时钟使能
    GPIO_InitStructure.GPIO_Pin = GPIO_Pin_0;                        //具体管脚编号
    GPlO_InitStructure.GPIO_Mode = GPIO_Mode_IPU;                    //管脚的模式配置上拉输入
    GPlO_Init(GPIOE, &GPIO_InitStructure);                           //选择管脚分组
}
```

这里与项目 3 中输出管脚初始化配置差别不大，基本步骤就是管脚初始化定义结构体变量→E 组管脚时钟使能→选择管脚编号→选择输入模式→选择管脚分组。有两点区别需要注意：一是不需要编写管脚的速率配置语句，二是管脚的模式配置上需要更改为相应的输入模式。

4.2.3　输入电平检测函数

1. 管脚输入电平读取函数

```
uint8_t GPIO_ReadInputDataBit( GPIO_TypeDef *    GPIOx,uint16_t GPIO_Pin )
```

GPIO_ReadInputDataBit：读取指定的 GPIO 输入端口电平，是高电平还是低电平（1/0）。

GPIOx：其中 x 可以是（A~G），用来选择 GPIO 分组。

GPIO_Pin：指定要读取的端口编号。参数是 GPIO_Pin_x，x 可以是 0~15。

返回值：指定输入端口电平值（1/0）。

通过这个函数，就可以检测当前输入管脚的电平高低，再结合配置的输入模式，进而判断外部信号有无变化。

```
if( (GPIO_ReadInputDataBit(GPIOE,GPIO_Pin_0)==0))      //IPU 输入模式
if( (GPIO_ReadInputDataBit(GPIOE,GPIO_Pin_0)==1))      //IPD 输入模式
```

2. 多输入检测条件逻辑判断

C 语言里面的逻辑运算符与、或在单片机编程中经常会用到。

与用 && 表示，意思是当两个或两个以上的条件都为真时，结果为真。

例如，PE0 管脚与 PE1 管脚同时检测到低电平的条件判断语句：

```
if( (GPIO_ReadInputDataBit(GPIOE,GPIO_Pin_0)==0)
&&(GPIO_ReadInputDataBit(GPIOE,GPIO_Pin_1)==1) )      //接上一行代码
```

或用 ‖ 表示，意思是当两个或两个以上条件有一个满足时，结果为真。

例如，PE0 管脚与 PE1 管脚任意一个检测到低电平的条件判断语句：

```
if( (GPIO_ReadInputDataBit(GPIOE,GPIO_Pin_0)==0)
‖ (GPIO_ReadInputDataBit(GPIOE,GPIO_Pin_1) == 0) )      //接上一行代码
```

4.2.4　机械按键去抖动方法

按键触点在按下瞬间，由于弹性作用，会往复导通多次，如果不做任何处理，单片机会检测到多次按键动作，出现误检，所以需要去抖动。按键去抖，一般采用延时后加二次检测，如：

```
if( GPIO_ReadInputDataBit( GPIOE, GPIO_Pin_1)==0)
{
    delay_ms(10);          //延时长度要根据实际硬件情况调整
    if( GPIO_ReadInputDataBit( GPIOE, GPIO_Pin_1)==0)
    {
        //进行按键处理函数
    }
}
```

使用软件程序去抖动时，需要注意两点：

一是使用场合，只有当按键按下的次数对运行结果有影响时，才需要进行按键去抖动，如果按下一次和多次产生的效果一样，可以不用去抖动，能简化代码结构。这里举两个例子进行说明。

题目1：一个按键控制一个 LED 灯，初始状态灯是熄灭的，按键按一下，灯会点亮，再按一下，灯会熄灭，再按再亮，亮灭交替出现。

题目2：两个按键控制一个 LED 灯，KEY1 按下时，LED 灯点亮，KEY2 按下时，LED 灯熄灭。

显然，题目1必须有去抖动操作，而题目2则不需要去抖动。

另一个需要注意的问题是，一次检测和二次检测之间的时延需要根据硬件灵敏度情况进行调整。时延太长，会发生漏检，时延太短，则会发生误检，需要开发人员自行调试，选择最理想的时延长度。通常情况下，这个时延设置在 10~100 ms 之间。

4.2.5 蜂鸣器驱动方法

蜂鸣器功能介绍：蜂鸣器是一种一体化结构的电子讯响器，采用直流电压供电，广泛应用于计算机、打印机、复印机、报警器、电子玩具、汽车电子设备、电话机、定时器等电子产品中作发声器件。蜂鸣器主要分为压电式蜂鸣器和电磁式蜂鸣器两种类型。蜂鸣器在电路中用 BEEP 表示，所用的蜂鸣器是高电平有效，输出模式为推挽输出（PP）。其硬件电路结构如图 4.4 所示。

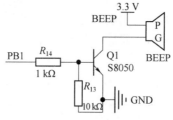

图 4.4 蜂鸣器电路结构图

蜂鸣器控制管脚应配置为输出管脚，通过函数 BEEP_Init(void)实现，该函数定义在

gpio.c 文件中，与配置普通输出管脚过程相同：

```
void BEEP_Init(void)
{
    GPIO_InitTypeDef    GPIO_InitStructure;
    RCC_APB2PeriphClockCmd(RCC_APB2Periph_GPIOB, ENABLE);
    GPIO_InitStructure.GPIO_Pin = GPIO_Pin_1;
    GPIO_InitStructure.GPIO_Speed = GPIO_Speed_50MHz;
    GPIO_InitStructure.GPIO_Mode = GPIO_Mode_Out_PP;
    GPIO_Init(GPIOB, &GPIO_InitStructure);
}
```

程序中驱动蜂鸣器发声，则直接将驱动管脚置高电平。

```
GPIO_SetBits(GPIOB, GPIO_Pin_1);        //蜂鸣器响
GPIO_ResetBits(GPIOB, GPIO_Pin_1);      //蜂鸣器不响
```

4.2.6　红外传感器检测

红外传感器具有一对红外线发射与接收管，发射管发射出一定频率的红外线，当检测到前方遇到障碍物（反射面）时，红外线反射回来被接收管接收，经过比较器电路处理之后，绿色指示灯会亮起，同时，OUT 端口持续输出低电平信号，可通过电位器旋钮调节检测距离，有效距离为 2~30 cm，工作电压为 3.3~5 V。该传感器的探测距离可以通过电位器调节，具有干扰小、便于装配、使用方便等特点，可以广泛应用于机器人避障、避障小车、流水线计数及黑白线寻迹等众多场合。

红外传感器检测原理如图 4.5 所示，传感器实物如图 4.6 所示。传感器有三个管脚，分别是 VCC、GND、OUT。实际使用过程中，VCC 和 GND 管脚分别与单片机的 3.3 V 和 GND 相连，输出端口 OUT 直接与单片机的 I/O 口连接。由于检测到障碍物时传感器输出低电平，所以，与其相连的输入检测管脚必须配置成 IPU 上拉输入模式，这样才能检测到传感器的电平变化（由高到低）。

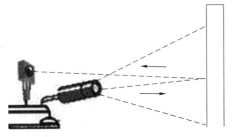

图 4.5　用红外光探测障碍物

图 4.6　红外传感器模块外观

本书中两个红外传感器的输入检测管脚配置成 PF0 和 PF1, 管脚初始化函数 IR_Init (void) 在 gpio. c 中进行了定义, 具体代码如下:

```
void IR_Init(void)
{
    GPIO_InitTypeDef    GPIO_InitStructure;
    RCC_APB2PeriphClockCmd(RCC_APB2Periph_GPIOF, ENABLE);
    GPIO_InitStructure.GPIO_Pin = GPIO_Pin_0| GPIO_Pin_1;
    GPIO_InitStructure.GPIO_Mode = GPIO_Mode_IPU;
    GPIO_Init(GPIOF, &GPIO_InitStructure);
}
```

在程序中需要判断输入电平是否为低电平, 如果出现低电平, 则说明传感器检测到了障碍物, 障碍物检测代码如下 (假设红外传感器连接 PF0 管脚):

```
if( GPIO_ReadInputDataBit( GPIOF, GPIO_Pin_0)==0)
```

4.3 项目实施

任务 1   单按键控制 LED 灯

(1) 任务说明

一个按键控制一个 LED 灯, 初始状态 LED 灯熄灭, 按键按一下, 灯闪一下, 然后熄灭, 再按再闪。

(2) 管脚规划

本任务涉及一个输入管脚检测按键是否按下, 一个输出管脚控制 LED 灯的亮灭。

可设置 PE0 端口为输入管脚, 与按键相连接, 输入管脚初始化函数 KEY_Init(void) 在 gpio. c 中有定义, 具体代码参见 4. 2. 2 节。

设置 PD11 端口为输出管脚, 与 LED 灯连接, 输入管脚初始化函数 LED_Init(void) 在 gpio. c 中有定义, 具体代码参见 2. 2. 1 节。

(3) 程序设计

如流程图 4. 7 所示, 该程序首先是引用头文件, 主函数包括三个初始化: LED 灯管脚、串口和延时初始化, 执行程序由一个 while() 死循环来控制, 首先是将输入管脚经过按键去抖动, 然后通过 if() 语句来检测到输入管脚的是否是低电平, 如果是低电平, 输出一个高低电平的管脚来控制灯的闪烁, 否则, 退出 if() 语句。

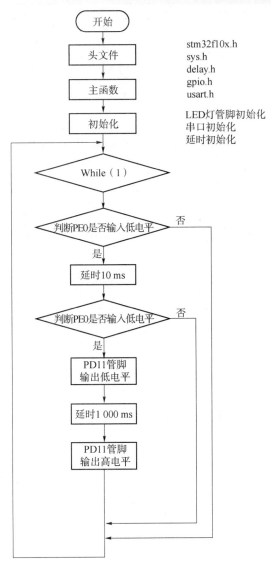

图 4.7　按键检测的程序流程图

主函数程序代码如下：

程序 4.1：

```
#include "stm32f10x.h"
#include "sys.h"
#include "delay.h"
#include "gpio.h"
int main( void)
{
    delay_init( );
    LED_Init( );
```

```
        KEY_Init( );
        while(1)
        {
            if( GPIO_ReadInputDataBit(GPIOE, GPIO_Pin_0)==0)
            {
                dealy_ms(10);
                if( GPIO_ReadInputDataBit(GPIOE, GPIO_Pin_0)==0)
                {
                    GPIO_ResetBits(GPIOD, GPIO_Pin_11);
                    delay_ms(1000);
                    GPIO_SetBits(GPIOD, GPIO_Pin_11);
                }
            }
        }
    }
```

（4）工程测试

实现效果：KEY 按键按一下，LED1 灯亮一下，1 s 后熄灭。

任务 2 单按键控制蜂鸣器

（1）任务说明

一个按键控制蜂鸣器，初始状态蜂鸣器不响，按一下，蜂鸣器持续响，再按一下，响声停止，再按一下，再持续响，再按再停止，往复循环。

（2）管脚规划

本任务涉及一个输入管脚检测按键是否按下，一个输出管脚控制蜂鸣器报警。

可设置 PE0 端口为输入管脚，与按键相连接，初始化函数 KEY_Init(void)在 gpio.c 中进行更改。

设置 PB1 端口为输出管脚，与蜂鸣器连接，初始化配置函数 BEEP_Init(void)在 gpio.c 中进行更改，具体代码参见 4.2.5 节。

（3）程序设计

如流程图 4.8 所示，该程序首先是引用头文件，主函数包括三个初始化：LED 灯管脚、串口和延时初始化。执行程序由一个 while()死循环来控制，首先是将输入管脚经过按键去抖动，然后通过 if()语句来检测到输入管脚的是否是低电平，如果是低电平，输出一个 1 000 ms 的高电平来控制蜂鸣器的响与输出一个 1 000 ms 的低电平来控制蜂鸣器的灭，否则，退出 if()语句。

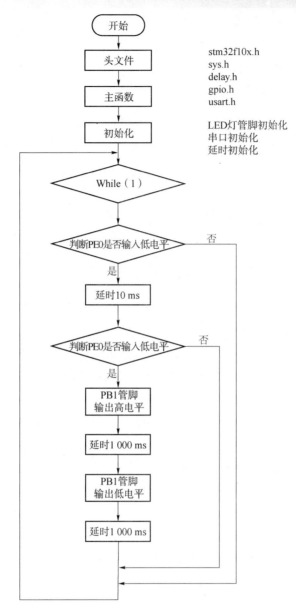

图 4.8　单按键控制蜂鸣器程序流程图

主函数代码如下：

程序 4.2：

```
#include "stm32f10x.h"
#include "sys.h"
#include "delay.h"
#include "gpio.h"
int main(void)
{
```

```
delay_init();
KEY_Init();
BEEP_Init();
while(1)
{
    if(GPIO_ReadInputDataBit(GPIOE,GPIO_Pin_0) == 0)
    {
        delay_ms(10);
        if(GPIO_ReadInputDataBit(GPIOE,GPIO_Pin_0) == 0)
        {
            if(ReadOutputDataBit(GPIOB, GPIO_Pin_1)==0)
                GPIO_SetBits(GPIOB, GPIO_Pin_1);
            else
                GPIO_ResetBits(GPIOB, GPIO_Pin_1);
        }
    }
}
```

按键每按下一次，蜂鸣器的状态都会发生反转（响-不响，不响-响），有两种方法可以实现这个效果。

方法1：读取按键按下时蜂鸣器控制管脚电平，对读取的输出电平取反，重新配置输出信号。

```
if( ReadOutputDataBit(GPIOB, GPIO_Pin_1)==0)
    GPIO_SetBits(GPIOB, GPIO_Pin_1);
else
    GPIO_ResetBits(GPIOB, GPIO_Pin_1);
```

方法2：记录按键按下的次数，奇数次让蜂鸣器响，偶数次让蜂鸣器不响。

```
int count=0;
while(1)
{
    if(GPIO_ReadInputDataBit(GPIOE,GPIO_Pin_0) == 0)
    {
        delay_ms(10);
        if(GPIO_ReadOutputDataBit(GPIOE,GPIO_Pin_0) == 0)
        {
            count++;        //每按一次 count 加 1
            count% = 2;     // count=2 时,取余结果为 0,即 count 值只能在 0 和 1 之间变化
        }
        if( count ==1)
            GPIO_SetBits(GPIOB, GPIO_Pin_1);
```

```
            else
                GPIO_ResetBits(GPIOB, GPIO_Pin_1);
        }
    }
```

（4）工程测试

实现效果：按键按一下，蜂鸣器持续报警，再按一下，停止报警，再按再报警，再按再停。

任务3　多按键组合控制 LED 灯

（1）任务说明

两个按键控制一个灯，初始状态 LED 灯熄灭，KEY1 按下，灯持续亮，KEY2 按下，灯持续灭，两个按键同时按下，灯持续闪烁。

（2）管脚规划

根据任务说明可知，需要两个输入管脚连接两个按键，需要一个输出管脚控制 LED 灯。

设置 PE0 与 PF4 为输入管脚，配置代码在 KEY_Init(void) 函数中实现。设置 PD11 为输出管脚，配置代码在 LED_Init(void) 函数中实现，代码改写都在 gpio. c 中完成。由于 PE0 所连按键与 PF4 所连按键硬件结构不同，需要分别设置成上拉和下拉输入模式。

程序 4.3：

```
void KEY_Init(void)
{
    GPIO_InitTypeDef    GPIO_InitStructure;
    RCC_APB2PeriphClockCmd(RCC_APB2Periph_GPIOE|RCC_APB2Periph_GPIOF,ENABLE);
    GPIO_InitStructure.GPIO_Pin = GPIO_Pin_0;
    GPIO_InitStructure.GPIO_Mode = GPIO_Mode_IPU;     //PE0 上拉输入
    GPIO_Init( GPIOE, &GPIO_InitStructure );
    GPIO_InitStructure.GPIO_Pin = GPIO_Pin_4;
    GPIO_InitStructure.GPIO_Mode = GPIO_Mode_IPD;     //PF4 下拉输入
    GPIO_Init( GPIOF, &GPIO_InitStructure );
}
```

（3）程序设计

本任务中，LED 灯有三种不同的状态，分别是亮、灭、闪烁，可以设置一个变量 status，用 0/1/2 分别代表不同的状态，根据按键按下情况去改变 status 值，再根据 status 值去调整灯的亮灭或闪烁。

如流程图 4.9 所示，该程序首先是引用头文件，主函数包括三个初始化：LED 灯管脚、串口和延时初始化，执行程序由一个 while() 死循环来控制，两个按键控制一个 LED 灯的三个状态，可以设置一个变量 status 来控制灯的亮、灭、闪烁，如果两个按键同时按下，变量值为 2，小灯进行闪烁；KEY0 按键按下，变量值为 0，小灯常亮；KEY1 按下，变量值为 1，小灯熄灭。

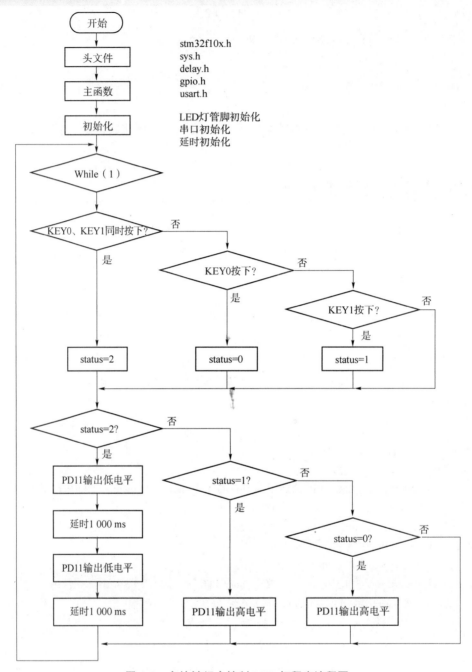

图 4.9　多按键组合控制 LED 灯程序流程图

主函数代码如下所示。

程序 4.4：

```
#include "stm32f10x.h"
#include "sys.h"
#include "delay.h"
```

```c
#include "usart.h"
#include "gpio.h"
#define    KEY0    GPIO_ReadInputDataBit(GPIOE,GPIO_Pin_0)
#define    KEY1    GPIO_ReadInputDataBit(GPIOF,GPIO_Pin_4)
int main(void)
{
    int status = 1;
    uart_init(9600);
    delay_init();
    KEY_Init();
    LED_init();
    BEEP_Init();
    while(1)
    {
        if(KEY0==0&&KEY1 == 1 )
            status = 2;
        else if(KEY0==0)
            status = 0;
        else if(KEY==1)
            status = 1;
        //根据 status 值去调整灯的亮灭状态
        if(status == 0)
            GPIO_SetBits(GPIOD, GPIO_Pin_11);
        else if(status == 1)
            GPIO_ResetBits(GPIOD, GPIO_Pin_11);
        else if(status == 2)
        {
            GPIO_ResetBits(GPIOD, GPIO_Pin_11);
            delay_ms(1000);
            GPIO_SetBits(GPIOD, GPIO_Pin_11);
            delay_ms(1000);
        }
    }
}
```

由于本任务按下次数并不影响 LED 灯的亮灭效果,所以代码中并没有进行去抖动操作。
（4）工程测试

实现效果：当 KEY1 与 KEY2 同时按下时,LED 灯闪烁,KEY1 按下,灯持续亮,KEY2 按下,灯持续灭。

任务4 双红外传感器障碍物检测

（1）任务说明

两个红外传感器检测障碍物，并通过 LED 灯显示检测结果。当任意一个红外传感器检测到前方遇到障碍物时，LED 灯长亮，障碍物移开后，LED 灯熄灭。

（2）管脚规划

根据任务说明可知，需要两个输入管脚作为红外传感器的信号接收管脚，需要一个输出管脚来控制 LED 灯。

设置 PF0 与 PF1 为输入管脚，配置代码在 IR_Init(void)函数中实现。设置 PD11 为 LED 灯输出管脚，配置代码在 LED_Init(void)函数中实现，代码改写都在 gpio.c 中完成。由于红外传感器硬件结构原因，需要将两个输入管脚模式配置成上拉输入，参见 4.2.6 节。

（3）程序设计

如流程图 4.10 所示，该程序首先是引用头文件，主函数包括三个初始化：LED 灯管脚、串口和延时初始化，执行程序由一个 while()死循环来控制，小灯以 500 ms 间隔闪烁。

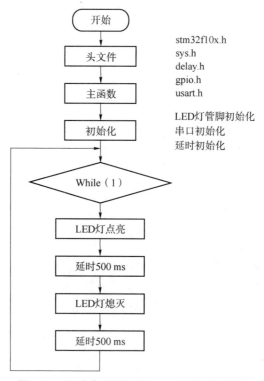

图 4.10 红外传感器控制 LED 灯程序流程图

主函数代码如下所示：

程序 4.5：

```
#include "stm32f10x.h"
#include "sys.h"
#include "delay.h"
```

```
#include "usart.h"
#include "gpio.h"
#define   IR1   GPIO_ReadInputDataBit(GPIOF,GPIO_Pin_0)
#define   IR2   GPIO_ReadInputDataBit(GPIOF,GPIO_Pin_1)
int main(void)
{
    uart_init(9600);
    delay_init( );
    LED_Init( );
    IR_Init( );
    while(1)
    {
        if(IR1 == 0 || IR2 == 0 )
            GPIO_SetBits(GPIOD,GPIO_Pin_11);
        else
            GPIO_ResetBits(GPIOD,GPIO_Pin_11);
    }
}
```

（4）工程测试

实现效果：两个红外传感器，任意一个前方出现障碍物时，LED 灯点亮，障碍物移开，LED 灯熄灭。

任务5   智能家居红外报警系统

（1）任务说明

通过两个红外传感器和一个蜂鸣器构成智能家居红外报警系统，其结构如图 4.11 所示。当前方红外传感器检测到障碍物时，判断为有外人闯入，蜂鸣器持续鸣响报警 5 s；当后方传感器先检测到有障碍物时，判断为人员外出，控制蜂鸣器"嘟嘟"三声提示。

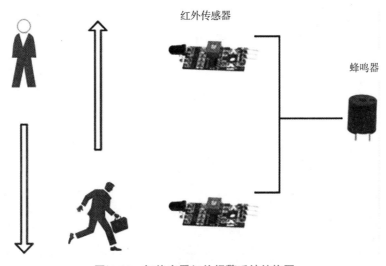

图 4.11   智能家居红外报警系统结构图

（2）管脚规划

本任务需要两个输入管脚，作为红外传感器的数字信号接收管脚，需要一个输出管脚来控制蜂鸣器。

设置PF0与PF1为红外输入管脚，配置代码在IR_Init(void)函数中实现。设置PB1为蜂鸣器输出管脚，配置代码在BEEP_Init(void)函数中实现，代码改写都在gpio.c中完成。

（3）程序设计

如流程图4.12所示，该程序首先是引用头文件，主函数包括三个初始化：红外传感器管脚、蜂鸣器管脚和延时初始化，执行程序由一个while()死循环来控制。若红外传感器IR1检测到有障碍物时，蜂鸣器响5 s；若IR2检测到有障碍物时，蜂鸣器响3次。

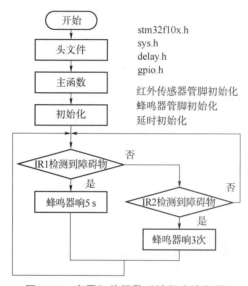

图4.12　家居红外报警系统程序流程图

主函数代码如下。

程序4.6：

```
#include "stm32f10x.h"
#include "sys.h"
#include "delay.h"
#include "usart.h"
#include "gpio.h"

#define    IR1    GPIO_ReadInputDataBit(GPIOF, GPIO_Pin_0)
#define    IR2    GPIO_ReadInputDataBit(GPIOF, GPIO_Pin_1)

int main(void)
{
    int i, irDetect1, irDetect2;
    uart_init(9600);
```

```
        delay_init( );
        BEEP_Init( );
        IR_Init( );
        while(1)
        {
            irDetect1 = IR1;
            irDetect2 = IR2;
            if(irDetect1==0 && irDetect2！= 0 )
            {
                GPIO_SetBits(GPIOB, GPIO_Pin_1);
                delay_ms(1000);
                delay_ms(1000);
                delay_ms(1000);
                delay_ms(1000);
                delay_ms(1000);
                GPIO_ResetBits(GPIOB, GPIO_Pin_1);
            }
            else if(irDetect2==0 && irDetect1！= 0 )
                for(i=0; i<3; i++)
                {
                    GPIO_SetBits( GPIOB, GPIO_Pin_1);
                    delay_ms(1000);
                    GPIO_ResetBits( GPIOB, GPIO_Pin_1);
                    delay_ms(1000);
                }
        }
}
```

（4）工程测试

实现效果：当家中左侧和右侧传感器检测到障碍物时，蜂鸣器报警；任意一侧障碍物移开后，小灯熄灭，蜂鸣器停止报警。

4.4　项目总结

①STM32 单片机输入管脚配置方法。

②STM32 单片机检测按键状态的编程实现。

③红外检测传感器作为输入反馈与 STM32 单片机的编程实现。

④STM32 单片机的输出声光控制。

4.5 项目拓展练习

按键检测，当按键按下时，LED 灯闪一下。KEY1 按键与 PA0 端口连接，LED 灯与 PB0 端口连接。

代码实现，main.c 中代码如下：

```
#include "stm32f10x.h"
#include "sys.h"
#include "delay.h"
#include "usart.h"
#include "gpio.h"
int main(void)
{    uart_init(9600);
    delay_init(   );
    LED_Init(   );
    KEY_Init(   );
    while(1)
    {
        if(GPIO_ReadInputDataBit(GPIOA, GPIO_Pin_0)==0)
        {
            GPIO_SetBits(GPIOB, GPIO_Pin_0); delay_ms(1000);
            GPIO_ResetBits(GPIOB, GPIO_Pin_0); delay_ms(1000);
        }
    }
}
```

习　题

一、填空题

1. 按键一端接地，另一端连接单片机管脚，当按键按下时，单片机管脚必定为低电平，为了能够检测到管脚电平变化，则需要把输入管脚配置为＿＿＿＿＿模式，即初始电平为高电平。

2. 共阳极 LED 灯需要＿＿＿＿＿电平点亮，共阴极 LED 灯需要＿＿＿＿＿电平点亮。

3. 蜂鸣器主要分为＿＿＿＿＿蜂鸣器和电磁式蜂鸣器两种类型。

4. 蜂鸣器驱动电路中，与单片机相连一端的中间需加一个_____与三极管构成的电路。

5. 按键电路一端连接 GND，则此按键输入模式为_____输入。

6. 按键电路一端连接 VCC，则此按键输入模式为_____输入。

二、简答题

1. GPIO 端口有哪四种输入模式？它们的区别是什么？

2. 按键触点在按下瞬间，由于弹性作用，会往复导通多次，如果不做任何处理，单片机会检测到多次按键动作。简述如何解决这一问题。

3. 请从配置步骤、工作过程两个方面简述红外传感器的使用方式及如何完成障碍物检测。

项目 5 智能电子时钟

5.1 项目分析

在前面的项目中，采用延时函数来实现定时功能，延时函数有两个缺点：一是定时时间不精确，二是占用系统 CPU 时间。本项目的任务是学习如何使用 STM32 单片机的定时/计数器实现更精确的定时功能，因此主要介绍 STM32 单片机定时/计数器的使用方法，以及如何配置参数来获得更精确的定时时间。

单片机 STM32 的定时/计数器可以分为定时器模式和计数器模式。这两种模式均使用二进制的加一计数或者减一计数；当计数器的值计满回零（溢出）或者递减到零或者达到某个设定值时，能自动产生中断的请求，以此来实现定时或者计数。两者的不同之处在于，定时器使用单片机的时钟来计数，而计数器则通过外部信号来实现计数功能。

智能电子时钟项目使用 STM32 单片机的定时器来获取精准的计时时长，并通过串口和 LCD1602 屏幕实时显示计时时间，结合按键和蜂鸣器，能够实现定时秒表、智能闹钟等更高级的功能。

本项目一共完成 5 个子任务，按照简易计时秒表、两个按键实现计时启动/停止、简易定时秒表、时分秒全显示时钟、带闹钟功能的智能电子时钟的顺序展开内容，具体的任务说明与技能要求见表 5.1。

表 5.1 任务说明与技能要求

序号	任务名称	任务说明	技能要求
1	简易计时秒表	利用定时器实现准确的秒表计时功能	1. 定时器初始化配置方法。 2. 定时时长的设置方法。 3. 定时中断服务函数的程序设计

续表

序号	任务名称	任务说明	技能要求
2	两个按键实现计时启动、停止	运用定时器中断实现计时功能，KEY1 按下，开始计时，KEY2 按下，停止计时，并将计数器清零	1. 定时器使能、失能函数调用方法。 2. 全局变量的定义和调用方法
3	简易定时秒表	KEY1 和 KEY2 分别控制定时秒数的加减，KEY0 按下，启动定时器，到达设定时间后停止计时，蜂鸣器鸣叫 5 声报警提示	1. 通过按下按键来改变设定变量值。 2. sprintf 函数的作用及其使用方法
4	时分秒全显示时钟	利用定时器中断实现时、分、秒全显示计时功能	1. 利用多个变量分别记录并显示时、分、秒值。 2. 定时器中断服务函数配置
5	带闹钟功能的智能电子时钟	通过按键设置闹钟时间，到达设置时间，蜂鸣器自动报警提醒	1. 三个按键实现三个变量加减设定的算法。 2. 利用标志变量实现分支选择的方法

5.2　技术准备

5.2.1　定时/计数器的分类及工作方式

STM32F103ZET6 单片机又包含若干定时/计数器，其中，TIM1 和 TIM8 是高级控制定时器（Advanced Control Timer），TIM2～TIM5 为通用定时器（General Purpose Timers），TIM6 和 TIM7 为基本定时器（Basic Timers）。

每个通用定时器都有一个 16 位自动装载计数器来控制计数长度，这个计数器的时钟源是通过可编程预分频器将 APB1 时钟信号进一步分频而得到的。定时器适用于多种场合，包括测量输入信号的脉冲长度或者产生需要的输出波形。使用定时器预分频器和 RCC 时钟控制器预分频器，脉冲长度和波形周期可以在几微秒到几毫秒间调整。通用定时器是完全独立的，而且没有互相共享任何资源，它们可以一起同步操作，本项目的所有任务使用的都是通用定时器，其他类型定时器在后续项目中会有介绍。定时器的时钟源示意图如图 5.1 所示。

从图 5.1 可以看出，定时器的时钟不是直接来自 APB1 或 APB2，而是来自输入 APB1 或 APB2 的一个倍频器 TIMx_Multiplier。定时器 TIMx（x=2、3、4、5）是连接在 APB1（最大时钟是 36 MHz）上的，须经过 TIMx_Multiplier 倍频（×1 或×2）后，才能产生定时器 TIMx 的时钟 TIMxCLK。AHB 总线频率是 72 MHz，当 APB1 的预分频系数是 2 时，APB1 总线的频率是 36 MHz。

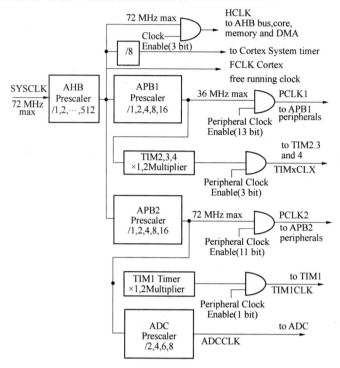

图 5.1　STM32 单片机定时器时钟源示意图

　　为什么要分频呢？这是因为连接到 APB1 上的设备有电源接口、备份接口、CAN、USB、IIC1、IIC2、UART2、UART3、SPII、窗口看门狗、Timer2、Timer3、Timer4 等，这些基本属于低速外设，所以先分频一次。

　　需要注意的是，如果 APB1 预分频是 1，则倍频器 TIMx_Multiplier 不起作用（只能为 1，因为不能高于 AHB 频率），定时器的时钟频率等于 APB1 的频率；当 APB1 的预分频系数为其他数值（即预分频系数为 2、4、8 或 16）时，这个倍频器起作用，定时器的时钟频率等于 APB1 的频率两倍，如图 5.2 所示。

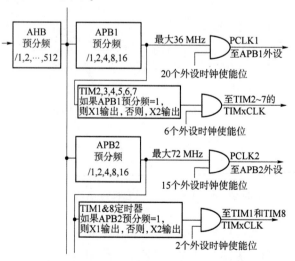

图 5.2　STM32 单片机定时器时钟源示意图

例如，当 AHB = 72 MHz 时，如果 APB1 的预分频系数 = 2，则产生了 36 MHz 的 APB1 总线频率，所以 TIMx_Multiplier 会产生倍频（×2）输出，此时 TIMxCLK 仍然能够得到 72 MHz 的时钟频率。能够使用更高的时钟频率，无疑提高了定时器的分辨率。由于 APB1 不但要为 TIMx 提供时钟，而且还要为其他低速外设提供时钟，设置这个倍频器可以在保证其他外设使用较低时钟频率时，TIMx 仍能得到较高的时钟频率。

5.2.2　定时器寄存器介绍

可编程通用定时器的主要部分是一个 16 位计数器和与其相关的自动装载寄存器。这个计数器可以向上计数、向下计数或者向上向下双向计数。此计数器时钟信号由预分频器对系统时钟分频得到，如图 5.3 所示。

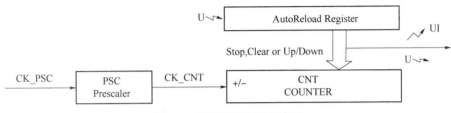

图 5.3　定时器寄存器示意图

计数器寄存器（TIMx_CNT）、自动装载寄存器（TIMx_ARR）和预分频器寄存器（TIMx_PSC）可以由软件读写，即使计数器还在运行读写仍然有效。

预分频器（TIMx_PSC）可以将计数器的时钟频率按 1~65 536 之间的任意值分频。它是一个 16 位寄存器控制的计数器。因为这个控制寄存器带有缓冲器，它能够在工作时被改变，这样新的预分频器参数会在下一次更新事件到来时被采用。

计数器（TIMx_CNT）由预分频器的时钟输出 CK_CNT 驱动，仅当设置了计数器控制寄存器（TIMX_CR1）中的计数器使能位（CEN）时，CK_CNT 才有效。真正的计数器使能信号 CNT_EN 是在 CEN 后的一个时钟周期后被设置。

自动装载寄存器（TIMx _ARR）是预先装载的。根据在 TIMX_CR1 寄存器中的自动装载预装载使能位（ARPE）的设置，预装载寄存器的内容被永久地或在每次的更新事件时传送到影子寄存器。自动重装寄存器就是预装载寄存器的影子寄存器。当计数器达到溢出条件并当 TIMX_CR1 寄存器中的 UDIS 位等于 0 时，产生更新事件。更新事件也可以由软件产生。

5.2.3　定时器初始化结构体

与定时器寄存器初始化相关的结构体定义在库文件"stm32f10x_tim. h"中：

```
typedef struct
{
    uint16_t TIM_Prescaler;          //预分频因子
    uint16_t TIM_CounterMode;        //定时器计数模式
    uint16_t TIM_Period;             //定时周期值
```

```
    uint16_t TIM_ClockDivision;//定时器分频因子
    uint8_t TIM_RepetitionCounter;//重复计数器
}
    TIM_TimeBaseInitTypeDef;
```

该时基结构体有 5 个成员变量：

①TIM_Period：设置自动装入的值，累计（TIM_Period+1）个时钟脉冲后产生更新或中断。

②TIM_Prescaler：设置预分频系数，结合 TIM_Period 可计算出定时器完成一次定时的时长：

$$定时器定时周期 = \frac{1+TIM\_Prescaler}{72M} \times (1+TIM\_Period)$$

以设置定时器周期 1 s 为例，给出两种不同参数设置如下：

设置 1：TIM_Prescaler = 35 999，TIM_Period = 1 999，以 2 kHz 的频率计数，计数到 2 000。

设置 2：TIM_Prescaler = 7 199，TIM_Period = 9 999，以 10 kHz 的频率计数，计数到 10 000。

两种不同的参数设置都会使定时器的周期为 1 s，但是在作为 PWM 输出时，会有细度不同的问题，后者的细度更高些，因此建议使用第二种配置。

注意：TIM_Period 和 TIM_Prescaler 这两个变量都是 16 位的无符号整型数，它们的取值范围是 0~65 535。如果 TIMxCLK 带入 72 MHz，则 TOUT 单位是 s；如果 TIMxCLK 带入 72，则 TOUT 单位是 μs。

③TIM_ClockDivision：设置时钟分割，可设置为 TIM_CKD_DIV1、TIM_CKD_DIV2、TIM_CKD_DIV4。当设置为 TIM_CKD_DIV1 时，TDTS = Tck_tim；当设置为 TIM_CKD_DIV2 时，TDTS = 2Tck_tim；当设置为 TIM_CKD_DIV4 时，TDTS = 4Tck_tim。

TIM_ClockDivision 的作用就是在分频之前根据要求建立新的分频器，确定定时器，确定一定的延时时间，在此时间内完成一定预期的功能，一般不使用。所以，无论定义上文中的哪一个值，对定时器原本的频率都毫无影响，只有在一些高级应用场景才起作用，本书不做赘述。

④TIM_CounterMode：设置计数模式，可以设置为向上计数、向下计数和中央对齐计数。其中比较常用的为向上计数模式 TIM_CounterMode_Up 和向下计数模式 TIM_CounterMode_Down。

向上计数模式：计数器从 0 计数到自动重装载值（TIMx_ARR 计数器的内容），然后重新从 0 开始计数，并且产生一个计数器溢出事件。

向下计数模式：计数器从自动重装载值（TIMx_ARR 计数器的内容）开始向下计数到 0，然后从自动重装载值重新开始计数，并且产生一个计数器溢出事件。

中央对齐计数模式：计数器从 0 开始计数到自动重装载的值（TIMx_ARR 寄存器的内容），产生一个计数器溢出事件，然后向下计数到 0，又产生一个计数器下溢事件；之后再从 0 开始重新计数，这样循环的计数模式叫作中央对齐计数模式。

⑤TIM_RepetitionCounter：设置重复溢出次数，即多少次溢出后会给一次中断，一般设置为 0，只有配置高级定时器时才起作用。

5.2.4　定时器初始化配置

配置通用定时器需要 4 步（以配置 TIM3 为例）：

（1）配置系统时钟

```
RCC_APB1PeriphClockCmd(RCC_APB1Periph_TIM3, ENABLE);
```

开启 TIM3 的时钟，其中 TIM3 挂载在 APB1 上。

（2）配置定时器结构体（结构体介绍参见 5.2.3）

```
TIM_TimeBaseStructure.TIM_Period = arr;
TIM_TimeBaseStructure.TIM_Prescaler = psc;
TIM_TimeBaseStructure.TIM_ClockDivision = TIM_CKD_DIV1 ;
TIM_TimeBaseStructure.TIM_CounterMode = TIM_CounterMode_Up;
TIM_TimeBaseStructure.TIM_RepetitionCounter = 0;
TIM_TimeBaseInit(TIM3, &TIM_TimeBaseStructure);
```

（3）配置中断优先级 NVIC

```
NVIC_PriorityGroupConfig(NVIC_PriorityGroup_2);              // 设置 NVIC 中断分组 2
NVIC_InitStructure.NVIC_IRQChannel = TIM3 _IRQn;             //设置中断为 TIM3 中断
NVIC_InitStructure.NVIC_IRQChannelPreemptionPriority = 1;    //抢占优先级 1
NVIC_InitStructure.NVIC_IRQChannelSubPriority = 3;           //子优先级 3
NVIC_InitStructure.NVIC_IRQChannelCmd = ENABLE;             //使能中断
NVIC_Init(&NVIC_InitStructure);
```

（4）使用 TIM_Cmd 命令来开启定时器

```
TIM_ITConfig(TIM3,TIM_IT_Update,ENABLE ); //使能指定的 TIM3 中断,允许更新中断
TIM_ARRPreloadConfig(TIM3, ENABLE);        //设置是否使用预装载缓冲器
TIM_Cmd(TIM3, ENABLE);
```

运行 TIM_Cmd（TIM3，ENABLE）命令后，定时器就开始计时了，如果希望通过命令停止计时，可以通过 TIM_Cmd（TIM3，DISABLE）命令来实现。

将上述 4 个步骤进行整合，编写 Timerx_Init 函数进行定时器 TIM3 的初始化（该函数在 timer.c 中）：

```
void Timerx_Init(u16 arr, u16 psc)
{
  TIM_TimeBaseInitTypeDef   TIM_TimeBaseStructure;
  NVIC_InitTypeDef   NVIC_InitStructure;
  RCC_APB1PeriphClockCmd( RCC_APB1Periph_TIM3, ENABLE);
  TIM_TimeBaseStructure. TIM_Period = arr;
  TIM_TimeBaseStructure. TIM_Prescaler = psc;
  TIM_TimeBaseStructure. TIM_ClockDivision = 0;
  TIM_TimeBaseStructure. TIM_CounterMode = TIM_CounterMode_Up;
  TIM_TimeBaseInit( TIM3,   &TIM_TimeBaseStructure );
  TIM_ITConfig(TIM3,TIM_IT_Update,ENABLE );
  NVIC_InitStructure. NVIC_IRQChannel = TIM3_IRQn;
  NVIC_InitStructure. NVIC_IRQChannelPreemptionPriority = 1;
  NVIC_InitStructure. NVIC_IRQChannelSubPriority = 3;
```

```
            NVIC_InitStructure. NVIC_IRQChannelCmd = ENABLE;
            NVIC_Init( &NVIC_InitStructure );
            TIM_Cmd(TIM3, ENABLE);      //定时器开始命令,可不放到初始化函数里
    }
```

Timerx_Init(u16 arr,u16 psc)函数有两个参数,依次表示预装载值和预分频值,可以通过改变这两个参数来设定不同的定时器定时时长。如果希望在完成初始化操作之后,不立刻计时,而是通过外部信号触发定时器开始工作(比如计时秒表的启动按键),可以将最后一句启动定时器命令 TIM_Cmd(TIM3,ENABLE)从初始化函数中删除,当需要启动定时器计时时,再单独使用该命令。

5.2.5 定时器中断服务函数

以定时器 TIM3 的中断过程为例:

所有 TIM3 的中断事件都在一个 TIM3 中断服务程序中完成,所以,进入中断服务程序后,如果有多个中断事件,则需要先判断是哪个 TIM3 的具体事件的中断,然后转移到相应的服务代码段去。由于硬件不会自动清除 TIM3 寄存器中的中断标志位,因此,在中断服务程序退出前,要把该中断事件的中断标志位清除掉。如果 TIM3 本身的中断事件有多个,那么它们服务的先后次序就由编写的中断服务程序决定了。也就是说,对于 TIM3 本身的多个中断的优先级,系统是不能设置的。在编写中断服务程序时,应根据实际的情况和要求,通过软件的方式,将重要的中断优先处理掉。

本项目仅仅涉及计数溢出中断,通过 TIM_GetITStatus(TIM3,TIM_IT_Update)函数获取 TIM3 的中断标志位,当中断标志位不等于 RESET 时,即可判断产生了一次溢出中断,需要进行中断函数处理。实现具体功能代码之前,还要执行 TIM_ClearITPendingBit(TIM3,TIM_IT_Update)语句清除中断标志,避免连续进入中断服务函数而导致错误发生。

以 TIM3 的定时中断服务函数为例:

```
    void TIM3_IRQHandler(void)    //TIM3 中断
    {
        //检查指定的 TIM 中断发生与否
        if ( TIM_GetITStatus( TIM3, TIM_IT_Update ) ! = RESET )
        {
            //清除 TIMx 的中断待处理位:TIM3 中断源
            TIM_ClearITPendingBit( TIM3, TIM_IT_Update );
            if( GPIO_ReadOutputDataBit( GPIOD, GPIO_Pin_11 ) = = 0 )
                GPIO_SetBits( GPIOD, GPIO_Pin_11 );
            else
                GPIO_ResetBits( GPIOD, GPIO_Pin_11 );
        }
    }
```

当定时器 TIM3 计数溢出产生中断时,进入中断服务函数 TIM3_IRQHandler 中。这里中

断服务函数的主要任务是控制 PD11 端口的电平变化，使 LED 灯闪烁。在程序中需清除 TIM3 溢出中断标志位。

5.3   项目实施

任务 1   简易计时秒表

（1）任务说明

利用定时器中断编程实现准确的秒表计时功能，上电之后，定时器开始工作，在 LCD 屏上显示当前计时秒数。

（2）管脚规划

定时器工作在计时模式下时，不需要使用单片机管脚，因此，本任务只需要规划管脚驱动 LCD1602 即可，LCD1602 管脚 VSS/V0/BLK 连 GND，VDD 连 5 V，BLA 连 3.3 V，RS 连 PC15，RW 连 PC14，EN 连 PC13，数据端口 D0~D7 分别连接 PG0~PG7。

这些管脚的初始化工作在 LCDGPIO_Init（void）函数中完成，该函数的具体定义则在 LCD1602.c 中实现。在 3.2.3 节中，有关于该函数的具体内容说明。

（3）程序设计

如流程图 5.4 所示，编译并下载程序至单片机，程序下载完成后即执行。依次调用头文件、加载主函数，初始化函数，程序循环执行。"Timerx_Init（1999，35999）;"设置定时时长为 1 s，即每 1 s 触发一次定时中断。响应中断后，在中断内执行字符转换操作，同时将计时数值显示在 LCD1602 显示屏并通过串口输出，可在 PC 上使用串口调试助手显示当前计时数值。

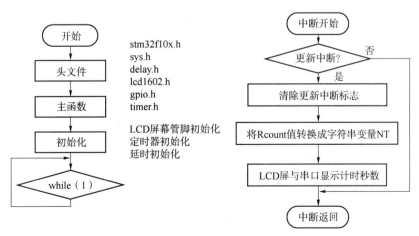

图 5.4   简易计时秒表程序流程

TimeCount 的主函数部分代码如下：

程序 5. 1：

```c
#include "stm32f10x.h"
#include "sys.h"
#include "delay.h"
#include "usart.h"
#include "lcd1602.h"
#include "timer.h"
#include "gpio.h"
int main(void)
{
  delay_init( );
  NVIC_Configuration( );
  uart_init( 9600 );
  Timerx_Init(1999, 35999);       //定时时长为 1 s
  LCD1602_Init( );
  while(1);
}
```

主函数的初始化过程主要完成了两个功能：一是 LCD1602 显示器的管脚初始化配置，二是定时器的初始化，配置了定时时长为 1 s，也就是每隔 1 s 进入一次中断服务函数，定时器中断服务函数中的计数变量 Rcount 会加 1，并在 LCD 屏和串口同步中同步显示，可以在 timer. c 中对 Rcount 变量进行定义和初始化操作。定时中断服务函数代码如下：

程序 5. 2：

```c
u8   NT[16];        //字符串变量,用于在 LCD1602 上显示秒数
int  Rcount=0;        //整型变量,用于存储当前计时的秒数值
void TIM3_IRQHandler(void)
{
    if (TIM_GetITStatus(TIM3, TIM_IT_Update) ! = RESET)
    {
        TIM_ClearITPendingBit(TIM3, TIM_IT_Update);         //清除 TIM3 更新中断标志
        Rcount+ +;
        //将 Rcount 值转换成字符串变量 NT
        sprintf( ( char*  ) NT, "NOW TIME:% 2d S", Rcount);
        LCD1602_Write_Cmd(0x01);         //LCD 清屏
        LCD1602_Show_Str(1, 1, NT);         //LCD 显示秒数
        printf("当前计时秒数为:% d\n", Rcount);         //串口显示秒数
    }
}
```

使用 LCD 显示秒数值时，为了防止更新显示内容有重影，每次显示新秒数前都要有执行清屏命令，完成清屏功能有两种方式：

一是使用 LCD1602_Write_Cmd(0x01) 指令,可以清空整个屏幕显示的内容。二是使用 LCD1602_Show_Str(m,n," ")语句,这并不是一个规范的清屏命令,其实质是让屏幕以第 m 列第 n 行为起点,显示若干空格,作用等同于清屏。

具体使用哪种操作方式,要结合程序的实际需要,如果需要清空整块 LCD1602 显示屏,使用方式一的清屏指令会有不错的效果,如果仅仅需要更新屏幕特定区域的显示内容,使用方式二来清屏也是一种合适的方式。

(4)工程测试

实现效果:利用定时器中断编程实现秒表计时功能,在 LCD1602 屏上显示当前秒数,PC 机串口助手上也能同步显示。效果如图 5.5 所示。

图 5.5   简易计时秒表效果图

如果出现 PC 机串口助手上能更新显示正确秒数值,但是 LCD 屏幕没有任何显示的问题,检查 LCD 跟单片机的硬件连线,如果与管脚初始化代码中的配置不一致,则会导致屏幕无显示。

任务 2   两个按键实现计时启动、停止

(1)任务说明

通过运用定时器中断实现计时功能,运用 if 判断语句在主函数中进行循环检测,检测到 KEY1 按下,控制定时器开始计时;KEY2 按下,控制定时器停止计时,并将定时计数器清零。

(2)管脚规划

LCD1602 的管脚连接为:VSS,V0,BLK→GND,VDD→5 V,BLA→3.3 V,RS→C15,RW→C14,EN→C13,数据端口 D0~D7→G0~G7。管脚的初始化工作在 LCDGPIO_Init(void)函数中完成,该函数的具体定义则在 LCD1602.c 中实现。在 3.2.3 节中,有关于该函数的具体内容说明。

按键使用 PF4、PF5,其初始化配置在 KEY_Init( )函数中实现,代码如下:

程序5.3：

```
void KEY_Init(void)
{
    GPIO_InitTypeDef    GPIO_InitStruct;
    RCC_APB2PeriphClockCmd(RCC_APB2Periph_GPIOF, ENABLE);
    GPIO_InitStruct. GPIO_Pin = GPIO_Pin_4| GPIO_Pin_5;
    GPIO_InitStruct. GPIO_Mode = GPIO_Mode_IPD;      //输入模式跟按键结构有关
    GPIO_Init(GPIOF, &GPIO_InitStruct);
}
```

（3）程序设计

如流程图5.6所示，编译并下载程序至单片机，程序下载完成后即执行。依次调用头文件、加载主函数、初始化函数、程序循环执行。单片机每执行一次程序，均先后判断分别连接了 KEY0、KEY1 管脚的返回值，确定 KEY0、KEY1 是否被按下，若 KEY0 被按下，LCD 显示"TIME STARTS!"并启动定时器，开始计时；若 KEY1 被按下，则 LCD 显示"TIME STOP!"，定时器关闭，停止计时。

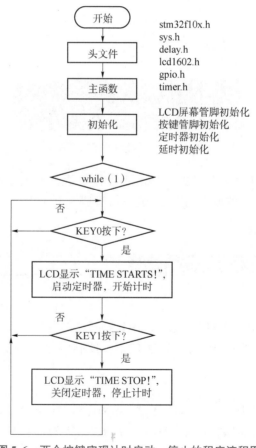

图5.6　两个按键实现计时启动、停止的程序流程图

主函数部分程序代码如下：

程序 5.4：

```c
#include "stm32f10x.h"
#include "sys.h"
#include "delay.h"
#include "usart.h"
#include "lcd1602.h"
#include "timer.h"
#include "gpio.h"
#define   KEY0   GPIO_ReadInputDataBit(GPIOF,GPIO_Pin_4)   //宏定义
#define   KEY1   GPIO_ReadInputDataBit(GPIOF,GPIO_Pin_5)
int main(void)
{
    delay_init( );
    NVIC_Configuration( );
    uart_init(9600);
    KEY_Init( );
    LCD1602_Init( );
    Timerx_Init(1999, 35999);                        //定时器初始化配置,定时时长 1 s
    while(1)
    {
        if( KEY0 == 1 )
        {
            LCD1602_Show_Str( 1, 0, "                " ); //起清屏作用
            LCD1602_Show_Str( 1, 0, "TIME STARTS! " );
            printf( "计时开始!" );
            TIM_Cmd(TIM3, ENABLE );              //KEY0 按下,则启动定时器,开始计时
        }
        if( KEY1 == 1 )
        {
            LCD1602_Show_Str( 1, 0, "                " ); //起清屏作用
            LCD1602_Show_Str( 1, 0, "TIME STOP! " );
            printf( "计时结束!" );
            TIM_Cmd(TIM3, DISABLE);              //KEY1 按下,则关闭定时器,停止计时
            Rcount=0;
        }
    }
}
```

①在主函数中，需要通过检测按键状态来控制定时器开启和关闭，因此，需要将定时器初始化函数中的定时使能语句 TIM_Cmd(TIM3, ENABLE)删除，在主函数中通过该命令直接使能。

②中断服务函数 TIM3_IRQHandler(void)的功能与任务 1 的基本一致，每次进入中断时，完成计时变量 Rcount 自加 1，然后同步显示在 LCD 屏幕上。

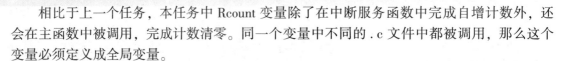
相比于上一个任务，本任务中 Rcount 变量除了在中断服务函数中完成自增计数外，还会在主函数中被调用，完成计数清零。同一个变量中不同的 .c 文件中都被调用，那么这个变量必须定义成全局变量。

全局变量的定义和调用方法：

a. 变量定义：在 Timer.c 文件中编写代码 int Rcount。

b. 外部变量声明：在 Timer.h 文件中增加声明 extern int Rcount。

c. 变量调用：Timer.c 中可直接使用 Rcount，其他 .c 文件使用该变量时，只需要引用 Timer.h 头文件即可。

③中断服务函数 TIM3_IRQHandler(void) 中不能再使用全屏清屏命令，因为显示秒数的过程中，需要在屏幕第 0 行保留 "TIME STARTS!"，所以每次只需清空第 1 行即可，代码如下：

```
LCD1602_Show_Str( 1, 1, "          " );        //清空第 1 行显示秒数
LCD1602_Show_Str( 1, 1, NT );                 //更新第 1 行显示秒数
```

④使用宏定义的方式简化代码编写：

```
#define   KEY0   GPIO_ReadInputDataBit(GPIOF, GPIO_Pin_4)
#define   KEY1   GPIO_ReadInputDataBit(GPIOF, GPIO_Pin_5)
```

（4）工程测试

此任务实现的功能为，当按键 KEY0 按下时，开始计时，并且在 LCD 屏上显示当前计时时间；当按 KEY1 按下时，LCD 屏显示 "TIME STOP!"，定时器结束计时。效果如图 5.7 所示。

图 5.7　两个按键实现计时启动、停止效果图

任务 3　简易定时秒表

（1）任务说明

三个按键：通过 KEY1 和 KEY2 可以设置秒表的定时秒数，KEY1 按下，定时时间增加 1 s，KEY2 按下，定时时间减少 1 s；KEY0 按下，启动定时器，从 0 开始计秒，到达设定时间停止计时，蜂鸣器鸣叫 5 声进行报警提示。

本任务需要通过运用定时器中断实现计时功能，运用 if 判断语句在主函数中进行循环检测，检测到 KEY0 按下，控制定时器开始计时；检测到 KEY1 按下，控制时间变量增加；检测到 KEY2 按下，控制时间变量减小。

（2）管脚规划

任务中需要使用 3 个按键（PF4、PF5、PF6）、1 个蜂鸣器（PB1）、1 块 LCD 显示屏，需要同时用到多个管脚作为输入和输出，gpio.c 关于按键（KEY）、蜂鸣器（BEEP）、和 LCD 显示屏（LCDGPIO）的配置参考如下：

程序 5.5：

```
void KEY_Init(void)
{
    GPIO_InitTypeDef    GPIO_InitStruct;
    RCC_APB2PeriphClockCmd(RCC_APB2Periph_GPIOF, ENABLE);
    GPIO_InitStruct. GPIO_Pin = GPIO_Pin_4| GPIO_Pin_5| GPIO_Pin_6;
    GPIO_InitStruct. GPIO_Mode = GPIO_Mode_IPD;
    GPIO_Init(GPIOF, &GPIO_InitStruct);
}
void BEEP_Init(void)
{
    GPIO_InitTypeDef    GPIO_InitStruct;
    RCC_APB2PeriphClockCmd(RCC_APB2Periph_GPIOB, ENABLE);
    GPIO_InitStruct. GPIO_Pin = GPIO_Pin_1;
    GPIO_InitStruct. GPIO_Speed = GPIO_Speed_50 MHz;
    GPIO_InitStruct. GPIO_Mode = GPIO_Mode_Out_PP;
    GPIO_Init(GPIOB, &GPIO_InitStruct);
}
```

（3）程序设计

如流程图 5.8 所示，编译并下载程序至单片机，程序下载完成后即执行。依次调用头文件、加载主函数、初始化函数、程序循环执行。单片机每执行一次程序，首先判断标志位 flag 是否为 1，进而判断是否达到设定时间，若成立，则蜂鸣器响 5 声报警，并关闭定时器，计数器与标志位均清零。同时，监测 KEY0、KEY1、KEY2 是否被按下，分别实现开启计时、增加计时时间、减少计时时间的功能。

主函数 main. c 参考代码如下：

程序 5.6：

```
#include "stm32f10x.h"
#include "sys.h"
#include "delay.h"
#include "usart.h"
#include "gpio.h"
#include "timer.h"
#include "lcd1602.h"
int SRcount=0;   //设置的闹钟时间变量
vu8 flag=0;      //计时标志位,flag=0 表示处于设置时间阶段,flag=1 表示处于计时阶段
u8 ST[16];
#define   KEY0   GPIO_ReadInputDataBit(GPIOF, GPIO_Pin_4)
#define   KEY1   GPIO_ReadInputDataBit(GPIOF, GPIO_Pin_5)
#define   KEY2   GPIO_ReadInputDataBit(GPIOF, GPIO_Pin_6)
Int i;
int main(void)
{
    delay_init( );
```

```
NVIC_Configuration( );
uart_init(9600);
KEY_Init( );
BEEP_Init( );
LCD1602_Init( );
Timerx_Init(1999, 59999);                          //完成定时器初始化,但是不启动定时器
while(1)
{
    if(flag==1)
    {
        if(Rcount == SRcount)                      //计时值已经达到设定值
        {
            int i;
            for(i=0; i<5; i++)                     //蜂鸣器响5声报警
            {
                GPIO_ResetBits(GPIOB, GPIO_Pin_6);
                delay_ms(1000);
                GPIO_SetBits(GPIOB, GPIO_Pin_6);
                delay_ms(1000);
            }
            TIM_Cmd(TIM3, DISABLE);                //关闭定时器
            LCD1602_Show_Str(1,0,"          ");
            LCD1602_Show_Str(1,0,"TIME STOP!");    //显示定时停止
            Rcount = 0;                            //计时值和设定值都清零
            SRcount = 0;
            flag = 0;                              //计时标志位清零
        }
    }
    else
    {
        if (KEY0 == 1)
        {
            LCD1602_Show_Str( 1, 0, "          " );
            LCD1602_Show_Str( 1, 0, "TIME STARTS !" );
            TIM_Cmd(TIM3, ENABLE);                 //启动定时器
            flag = 1;
        }
        if(KEY1 == 1)
        {
            delay_ms(10);
            if(KEY1 == 1)
            {
                SRcount++;
                sprintf((char* )ST, "Stop Time:% 2d S", S_Rcount);
                LCD1602_Show_Str(1, 0, "          " );
                LCD1602_Show_Str(1, 0, ST );
```

```
            }
        }
    if(KEY2 == 1 && SRcount > 0)
    {
        delay_ms(10);
        if(KEY2 == 1)
        {
            SRcount- -;
            sprintf((char* )ST,"Stop Time:% 2d S",S_Rcount);
            LCD1602_Show_Str(1, 0, "              " );
            LCD1602_Show_Str(1, 0, ST );
        }
    }
    }
    }
}
```

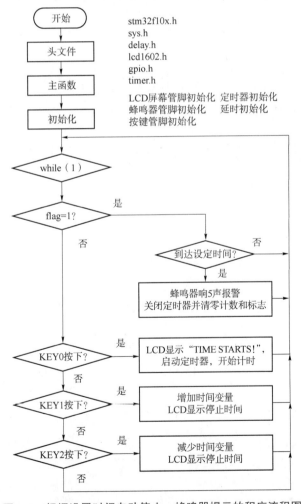

图5.8 根据设置时间自动停止，蜂鸣器提示的程序流程图

（4）工程测试

在程序中，调用 Timerx_Init(1999,35999) 函数设置每个计时周期为 1 s，按下 KEY1 和 KEY2 按键将分别增加、减少计数，当开始计时后，计时总时长即为计数秒。到达时间后，LCD 屏将显示"TIME STOP！"字样，同时蜂鸣器响 5 声报警。

思考：为什么 KEY1 和 KEY2 检测时需要去抖动，而 KEY0 不用？

任务 4　时分秒全显示时钟

（1）任务说明

通过运用定时器中断实现计时功能，时、分、秒三个变量由 A、B 和 Rcount 定义，具体功能在定时器中断服务函数 TIM3_IRQHandler(void) 中实现。

（2）管脚规划

LCD1602 的管脚连接为：VSS，V0，BLK→GND，VDD→5 V，BLA→3.3 V，RS→C15，RW→C14，EN→C13，数据端口 D0～D7→G0～G7。管脚的初始化工作，在 LCDGPIO_Init(void) 函数中完成，该函数的具体定义则在 LCD1602.c 中实现。在 3.2.3 节中，有关于该函数的具体内容说明。

（3）程序设计

程序 5.7：

```
int main(void)
{
    delay_init( );
    NVIC_Configuration( );
    uart_init(9600);
    Timerx_Init(1999, 35999 );
    LCD1602_Init( );
    LCD1602_Show_Str(1,0,"Now Time:");        //第 0 行显示 Now Time，第 1 行显示当前时间
    while(1);
}


    TIM3 的中断服务函数参考下面代码修改程序：

void TIM3_IRQHandler(void)     //TIM3 中断服务函数
{
    if (TIM_GetITStatus(TIM3, TIM_IT_Update) ! = RESET)
    {
        TIM_ClearITPendingBit(TIM3, TIM_IT_Update);
        Rcount + +;
        if( Rcount = = 60)
        {
            Rcount = 0;
            B + +;
```

```
                    if(B == 60)
                    {
                        B = 0;
                        A ++;
                        if(A == 24)      A=0;
                    }
                }
                sprintf( (char*   ) NT, "%2d: %2d: %2d", A, B, Rcount );
                LCD1602_Show_Str(1,1,"                 ");   //第 1 行清屏
                LCD1602_Show_Str(1,1,NT);
                printf( "目前计时时间: %2d: %2d: %2d\n", A, B, Rcount );
            }
        }
```

（4）工程测试

此任务实现的功能为，在 LCD1602 屏幕上显示时、分、秒三个变量的时钟效果，也可以通过串口在电脑软件上进行显示。效果如图 5.9 所示。

图 5.9　时、分、秒全显示时钟效果图

任务 5　带闹钟功能的智能电子时钟

（1）任务说明

按下 KEY0 按键，LCD 屏显示"TIME STARTS!"，并且定时器开始计时。当按下 KEY3 按键时，切换调整的时间单位（时分秒）。当按下 KEY1/2 按键时，相应停止时间变量加减，并且 LCD 屏显示停止时间。当达到设置时间时，LCD 显示"TIME OUT!"，并且蜂鸣器报警。按下确认键后，LCD 显示"TIME STOP!"，并且定时器结束，计时、变量清零。

（2）管脚规划

任务中所用蜂鸣器、LCD 显示屏管脚配置同任务 4。本任务中用到 4 个按键，需在

PE0~PE3（IPU）或 PF4~PF7（IPD）两组管脚中自行选择。这里用 PF0~PE3 作为按键输入管脚。

（3）程序设计

main. c 参考下面部分代码修改程序：

程序 5.8：

```
int    S_Rcount, S_Hr, S_Min;
vu8 flag=1;
vu8 count=0;
u8    ST[16];
#define   KEY0   GPIO_ReadInputDataBit(GPIOE,GPIO_Pin_0)
#define   KEY1   GPIO_ReadInputDataBit(GPIOE,GPIO_Pin_1)
#define   KEY2   GPIO_ReadInputDataBit(GPIOE,GPIO_Pin_2)
#define   KEY3   GPIO_ReadInputDataBit(GPIOE,GPIO_Pin_3)
int main(void)
{
    delay_init( );
    NVIC_Configuration( );
    uart_init(9600);
    KEY_Init( );
    BEEP_Init( );
    LCDGPIO_Init( );
    LCD1602_Init( );
    Timerx_Init(1999,35999);
    A=0;
    B=0;
    while(1)
    {
        if(KEY0==0)
        {
            TIM_Cmd(TIM3,ENABLE);
        }
        if(KEY1==0)
        {
            sprintf( ( char* ) ST, "%2d: %2d: %2d", S_Hr, S_Min, S_Rcount );
            LCD1602_Show_Str(1,0,"                   ");
            LCD1602_Show_Str(1,1,ST);
            LCD1602_Show_Str(1,0,"Stop Time:");
            if(count==0)
            {
                S_Rcount+=1;
            }
            if(count==1)
            {
                S_Min+=1;
```

```
        }
        if(count==2)
        {
            S_Hr+=1;
        }
    }
    if(KEY2==0)
    {
        sprintf( ( char*  ) ST, "%2d: %2d: %2d", S_Hr, S_Min, S_Rcount);
        LCD1602_Show_Str(1,0,"                    ");
        LCD1602_Show_Str(1,1,ST);
        LCD1602_Show_Str(1,0,"Stop Time:");
        if(count==0)
        {
            S_Rcount-=1;
        }
        if(count==1)
        {
            S_Min-=1;
        }
        if(count==2)
        {
            S_Hr-=1;
        }
    }
    if(KEY3==0)
    {
        count++;
        if(count==3)   count=0;
    }
    if((S_Rcount+S_Min*60+S_Hr*3600)==(Rcount+B*60+A*3600)
                            &&(Rcount+B*60+A*3600)!=0)
    {
        while(1)
        {
            if(flag==1)
            {
                TIM_Cmd(TIM3,DISABLE);   //时钟失能
                LCD1602_Show_Str(1,0,"                  ");
                LCD1602_Show_Str(1,0,"TIME OUT    !");
                GPIO_ResetBits(GPIOB, GPIO_Pin_6);
                delay_ms(1000);
```

```
                    GPIO_SetBits(GPIOB, GPIO_Pin_6);
                    delay_ms(1000);
                }
            }
        }
    }
}
```

（4）工程测试

分别按下 KEY0、KEY1、KEY2、KEY3 按键，测试 LCD 显示屏是否正常显示既定字符，依照流程图及程序代码检验是否正常执行。

5.4 项目总结

①STM32 单片机通用定时器的工作原理及编程。

②STM32 单片机中断服务函数的概念和使用。

③机器人红外测距及跟随策略的实现。

④掌握 C 语言中 const 与 define 区别。

5.5 项目拓展练习

利用定时器中断编程实现秒表计时功能，在 LCD 屏上显示当前秒数。在 main.c 中代码如下：

```
#include "stm32f10x.h"
#include      "sys.h"
#include      "delay.h"
#include      "usart.h"
#include "lcd1602.h"

#include      "timer.h"
#include    "gpio.h" int
main(void)
{
    delay_init( );
    NVIC_Configuration( );
    Timerx_Init(1999, 59999);
```

```
        uart_init(9600);
        KEY_Init( );
        LCDGPIO_Init( );
        LCD1602_Init( );
        while(1);
}
定时器中断服务函数部分
void TIM3_IRQHandler(void)
{
        //检测 TIM3 更新中断是否发生
        if ( TIM_GetITStatus( TIM3, TIM_IT_Update) ! = RESET )
        {
            TIM_ClearITPendingBit( TIM3, TIM_IT_Update );   //清除 TIM3 更新中断标志
            Rcount+=1;
        }
        LCD1602_Show_Str( 1,0,"              " );
        sprintf( ( char*   ) NT, "NOW TIME:%2d S", Rcount );
        LCD1602_Show_Str(1, 0, NT);
        printf( "当前计时秒数为:%d\n", Rcount );
}
```

习　　题

1. STM32 单片机可以采用哪两种定时/计数方式？两者之间有哪些异同点？

2. 简要概述 STM32 单片机定时/计数器的工作原理。

3. 若单片机定时器设置参数 TIM_Period = arr，arr = 4999；TIM_Prescaler = psc，psc = 7199，试计算定时器定时时长 Tout。

4. 简要概述配置 STM32 定时/计数器的步骤。

5. 如何声明全局变量并进行调用？

项目6 超声波倒车雷达（外部中断）

6.1 项目分析

中断是计算机和嵌入式系统中的一个十分重要的概念，在现代计算机和嵌入式系统中毫无例外地都要采用中断技术。那么什么是中断呢？借用一个日常生活中的例子来说明：假如A正在看书，电话铃响了。这时，A放下书，去接电话。通话完毕，再继续看书。这个例子就表现了中断及其处理过程：电话铃声使得A暂时中止当前的工作，而去处理更为急需处理的事情（接电话），把急需处理的事情处理完毕之后，再回头来继续原来的事情。在这个例子中，电话铃声称为"中断请求"，A暂停看书去接电话叫作"中断响应"，接电话的过程就是"中断处理"。

在计算机执行程序的过程中，由于出现某个特殊情况（或称为"事件"），使得CPU中止现行程序，而转去执行处理该事件的处理程序（俗称中断处理或中断服务程序），待中断服务程序执行完毕，再返回断点处继续执行原来的程序，这个过程称为中断。

为了说明中断机制的重要性，再举一个例子。假设A有一个朋友来拜访，但是由于不知道他何时到达，A只能在大门口等待，于是什么事情也干不了。如果在门口装一个门铃，A就不必在门口等待而可以去做其他的工作，朋友来了按门铃通知A，这时A中断工作去开门，这样就避免等待和浪费时间。

计算机也是一样，如打印输出，CPU传送数据的速度高，而打印机打印的速度低，如果不采用中断技术，CPU将经常处于等待状态，效率极低。而采用了中断方式，CPU可以进行其他的工作，只在打印机缓冲区中的当前内容打印完毕，发出中断请求之后，才予以响应，暂时中断当前工作，转去执行向缓冲区传送数据，传送完成后，又返回执行原来的程序。这样就大大提高了计算机系统的效率。

中断是单片机实时地处理内部或外部事件的一种内部机制。当某种内部或外部事件发生时，单片机的中断系统将迫使 CPU 暂停正在执行的程序，转而去进行中断事件的处理，中断处理完毕后，又返回被中断的程序处，继续执行下去。也就是说，中断是一种发生了一个事件时，调用相应的处理程序的过程。在一定条件下，CPU 响应中断后，暂停源程序的执行，转至为这个事件服务的中断处理程序。

中断是由于软件的或硬件的信号，使得 CPU 放弃当前的任务，转而去执行另一段子程序。可见中断是一种可以人为参与（软件）或者由硬件自动完成的，使 CPU 发生的一种程序跳转。通常外部中断是由外部设备通过请求引脚向 CPU 提出的。中断信号也可以是 CPU 内部产生的，如定时器、实时时钟等。

在 STM32 单片机复位期间和刚复位后，复用功能未开启，I/O 端口被配置成浮空输入模式。所有端口都有外部中断能力。为了使用外部中断线，端口必须配置成输入模式。

本项目一共完成 3 个子任务，按照单按键中断检测、多按键中断检测、超声波测距实现倒车雷达的顺序展开内容，具体的任务说明与技能要求见表 6.1。

表 6.1   任务说明与技能要求

序号	任务名称	任务说明	技能要求
1	单按键中断检测	利用外部中断实现单按键检测，按键每按下一次，灯的亮灭状态发生一次反转	1. 外部中断初始化配置方法。 2. 外部中断服务函数程序设计方法
2	多按键中断检测	两个按键控制一个 LED 灯，KEY0 按下，LED 灯亮，KEY1 按下，LED 灯灭	1. 多个外部中断线初始化配置方法。 2. 多个中断服务函数程序设计方法
3	超声波测距实现倒车雷达	将超声波模块采集到的距离数据显示在 LCD 屏幕上，当距离值达到预警范围时，蜂鸣器报警提示	1. 超声波测距模块的工作原理及管脚配置方法。 2. 利用定时器完成计数的具体方法。 3. 利用外部中断读取脉冲宽度的实现方法

6.2   技术准备

6.2.1   中断基本概念

ARM Coetex-M3 内核共支持 256 个中断，其中 16 个内部中断、240 个外部中断和可编程的 256 级中断优先级的设置。STM32 目前支持的中断共 84 个 (16 个内部+68 个外部)，还有 16 级可编程的中断优先级的设置，仅使用中断优先级设置 8 bit 中的高 4 位。

STM32 可支持 68 个中断通道，已经固定分配给相应的外部设备，每个中断通道都具备自己的中断优先级控制字节 PRI_n (8 位，但是 STM32 中只使用 4 位，高 4 位有效)，每 4 个通道的 8 位中断优先级控制字构成一个 32 位的优先级寄存器。68 个通道的优先级控制字至少构成 17 个 32 位的优先级寄存器。

4 bit 的中断优先级可以分成 2 组，从高位看，前面定义的是抢占式优先级，后面是响应优先级。按照这种分组，4 bit 一共可以分成 5 组：

第 0 组：所有 4 bit 用于指定响应优先级；

第 1 组：最高 1 位用于指定抢占式优先级，后面 3 位用于指定响应优先级；

第 2 组：最高 2 位用于指定抢占式优先级，后面 2 位用于指定响应优先级；

第 3 组：最高 3 位用于指定抢占式优先级，后面 1 位用于指定响应优先级；

第 4 组：所有 4 位用于指定抢占式优先级。

抢占式优先级和响应优先级之间的关系是：具有高抢占式优先级的中断可以在具有低抢占式优先级的中断处理过程中被响应，即中断嵌套。

当两个中断源的抢占式优先级相同时，这两个中断将没有嵌套关系，当一个中断到来后，如果正在处理另一个中断，这个后到来的中断就要等到前一个中断处理完之后才能被处理。如果这两个中断同时到达，则中断控制器根据它们的响应优先级高低来决定先处理哪一个；如果它们的抢占式优先级和响应优先级都相等，则根据它们在中断表中的排位顺序决定先处理哪一个。每一个中断源都必须定义两个优先级。

有几点需要注意的是：

①如果指定的抢占式优先级别或响应优先级别超出了选定的优先级分组所限定的范围，将可能得到意想不到的结果。

②抢占式优先级别相同的中断源之间没有嵌套关系。

③如果某个中断源被指定为某个抢占式优先级别，又没有其他中断源处于同一个抢占式优先级别，则可以为这个中断源指定任意有效的响应优先级别。

中断优先级的概念是针对"中断通道"，当该中断通道的优先级确定后，也就确定了该外围设备的中断优先级，并且该设备所能产生的所有类型的中断，都享有相同的通道中断优先级。

6.2.2 中断分组

STM32 的每一个 GPIO 都能配置成一个外部中断触发源，STM32 根据引脚的序号不同，将众多中断触发源分成不同的组，比如 PA0、PB0、PC0、PD0、PE0、PF0、PG0 为第一组，那么依此类推，一共有 16 个分组 (表 6.2)。芯片规定，每一组中同时只能有一个中断触发源工作，那么，最多工作的也就是 16 个外部中断。STM32F103 的中断控制器支持 19 个外部中断/事件请求。每个中断设有状态位，每个中断/事件都有独立的触发和屏蔽设置。对于中断的控制，STM32 有一个专用的管理机构：NVIC。

表 6.2　STM32 单片机中断

GPIO 引脚	中断标志位	中断服务函数
PA0~PG0	EXTI0	EXTI0_IRQHandler
PA1~PG1	EXTI1	EXTI1_IRQHandler
PA2~PG2	EXTI2	EXTI2_IRQHandler
PA3~PG3	EXTI3	EXTI3_IRQHandler
PA4~PG4	EXTI4	EXTI4_IRQHandler
PA5~PG5	EXTI5	EXTI9_5_IRQHandler
PA6~PG6	EXTI6	
PA7~PG7	EXTI7	
PA8~PG8	EXTI8	
PA9~PG9	EXTI9	
PA10~PG10	EXTI10	EXTI15_10_IRQHandler
PA11~PG11	EXTI11	
PA12~PG12	EXTI12	
PA13~PG13	EXTI13	
PA14~PG14	EXTI14	
PA15~PG15	EXTI15	

STM32F103 的 19 个外部中断为：

线 0~15：对应外部 I/O 口的输入中断。

线 16：连接到 PVD 输出。

线 17：连接到 RTC 闹钟事件。

线 18：连接到 USB 唤醒事件。

图 6.1 是 STM32 单片机通用 I/O 与外部中断的映射关系：PAx、PBx、PCx、PDx 和 PEx 端口对应的是同一个外部中断/事件源 EXTIx（x：0~15）。

6.2.3　外部中断初始化配置

完成外部中断初始化配置，一共有 5 个步骤：

（1）配置触发源 GPIO 口

因为 GPIO 口作为触发源使用，所以将 GPIO 口配置成输入模式，触发模式有以下几种：

①GPIO_Mode_AIN：模拟输入（ADC 模拟输入，或者低功耗下省电）。

②GPIO_Mode_IN_FLOATING：浮空输入。

③GPIO_Mode_IPD：下拉输入。

④GPIO_Mode_IPU：上拉输入。

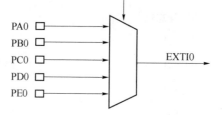

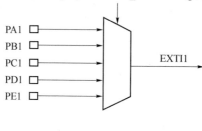

$\vdots$

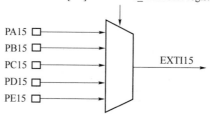

图 6.1　STM32 单片机通用 I/O 与外部中断的映射关系

在 KEY_Init(void) 函数中完成对触发源 GPIO 口的配置。

```
void KEY_Init(void)
{
    GPIO_InitTypeDef    GPIO_InitStructure;                          //定义结构体
    RCC_APB2PeriphClockCmd(RCC_APB2Periph_GPIOE, ENABLE);            //使能时钟
    GPIO_InitStructure.GPIO_Pin=GPIO_Pin_0;                          //选择 I/O 口 PE0
    GPIO_InitStructure. GPIO_Mode = GPIO_Mode_IPU;                   //设置成上拉输入
    GPIO_Init(GPIOE, &GPIO_InitStructure);
}
```

（2）使能 AFIO 复用时钟功能

```
RCC_APB2PeriphClockCmd(RCC_APB2Periph_AFIO, ENABLE);
```

（3）将 GPIO 口与中断线映射起来

```
GPIO_EXTILineConfig(GPIO_PortSourceGPIOE, GPIO_PinSource0);
```

因为使用的是 PE0 端口，因此，第一个参数要选择 GPIO_PortSourceGPIOE，第二个参数要制订管脚源编号 0，即 GPIO_PinSource0，如果在第一步配置的中断触发源是 PA2，那么映射函数的参数需要进行如下调整：

```
GPIO_EXTILineConfig(GPIO_PortSourceGPIOA, GPIO_PinSource2);
```

（4）在中断线上进行中断初始化

```
EXTI_InitTypeDef      EXTI_InitStructure;    //定义初始化结构体
EXTI_InitStructure. EXTI_Line = EXTI_Line0;
//中断线的标号,取值范围为 EXTI_Line0~EXTI_Line15,应与中断触发源的管脚编号对应
EXTI_InitStructure. EXTI_Mode = EXTI_Mode_Interrupt; ;
//中断模式,可选值为中断 EXTI_Mode_Interrupt 和事件 EXTI_Mode_Event
EXTI_InitStructure. EXTI_Trigger = EXTI_Trigger_Falling;
//触发方式,可以是下降沿触发 EXTI_Trigger_Falling,上升沿触发 EXTI_Trigger_Rising,或者任意电平
(上升沿和下降沿)触发 EXTI_Trigger_Rising_Falling
EXTI_InitStructure. EXTI_LineCmd = ENABLE;
EXTI_Init(&EXTI_InitStructure);
```

（5）中断优先级配置

```
NVIC_InitTypeDef      NVIC_InitStructure;
//根据 EXTI_InitStructure 中指定的参数初始化外设 EXTI 寄存器
NVIC_InitStructure. NVIC_IRQChannel = EXTI0_IRQn;              //外部中断端口 EXTI0
NVIC_InitStructure. NVIC_IRQChannelPreemptionPriority = 0x02;  //抢占优先级 2
NVIC_InitStructure. NVIC_IRQChannelSubPriority = 0x02;         //子优先级 1
NVIC_InitStructure.NVIC_IRQChannelCmd=ENABLE;                  //使能外部中断通道
NVIC_Init(&NVIC_InitStructure);                               //初始化外部中断
```

上述 5 个步骤，除了中断触发源管脚配置是在 KEY_Init( ) 函数中实现的外，后续 4 个步骤都是在中断控制配置初始化函数 EXITX_Init( ) 中完成的。

```
void EXTIX_Init(void)
{
    EXTI_InitTypeDef      EXTI_InitStructure;
    NVIC_InitTypeDef      NVIC_InitStructure;
    RCC_APB2PeriphClockCmd(RCC_APB2Periph_AFIO, ENABLE);           //时钟使能
    GPIO_EXTILineConfig(GPIO_PortSourceGPIOE, GPIO_PinSource0);    //PE0 的中断线配置
    EXTI_InitStructure. EXTI_Line = EXTI_Line0;                    //中断线 0
    EXTI_InitStructure. EXTI_Mode = EXTI_Mode_Interrupt;           //中断模式
    EXTI_InitStructure. EXTI_Trigger = EXTI_Trigger_Falling;       //下降沿触发
    EXTI_InitStructure. EXTI_LineCmd = ENABLE;                     //中断使能
    EXTI_Init(&EXTI_InitStructure);
    NVIC_InitStructure. NVIC_IRQChannel = EXTI0_IRQn;              //中断线 0 的服务函数
```

```
        NVIC_InitStructure. NVIC_IRQChannelPreemptionPriority = 0x02;
        NVIC_InitStructure. NVIC_IRQChannelSubPriority = 0x02;
        NVIC_InitStructure.NVIC_IRQChannelCmd=ENABLE;
        NVIC_Init(&NVIC_InitStructure);
    }
```

其中，NVIC_InitTypeDef 结构在固件库文件 "misc. h" 中定义，EXTI_InitTypeDef 结构在固件库文件 "stm32f10x_exti. h" 中定义。在固件库文件 "stm32f10x. h" 中还定义了 STM32 单片机 68 个外部可屏蔽中断通道号。

6. 2. 4　外部中断服务函数

中断服务函数是指当中断到来时，程序停止执行正在执行的语句，从而跳转到需要执行的函数。这个函数的执行也叫中断响应。编写 STM32 单片机的中断服务程序，首先要知道 exti. c 这个文件。打开教学程序目录（\Teaching\exti）下的这个文件，可以看到 ***_IRQHandler 函数（在 startup_stm32f10x_hd. s 中有中断跳转的入口）的实现。

这些函数就是要开发者填写的中断服务（处理）函数，如果用到了某个中断来做相应的处理，就要填写相应的中断处理函数。需要根据 STM32 单片机开发板（嵌入式产品）各外设的实际情况来填写，但是一般都会有关闭和开启中断，以及清除中断标记。在这个文件中还有很多系统相关的中断处理函数，如系统时钟 SysTickHandler。

exti. c 中定义的外部中断函数分别为：

```
void    EXTI0_IRQHandler(void)
void    EXTI1_IRQHandler(void)
void    EXTI2_IRQHandler(void)
void    EXTI3_IRQHandler(void)
void    EXTI4_IRQHandler(void)
void    EXTI9_5_IRQHandler(void)
void    EXTI15_10_IRQHandler(void)
```

其中，中断线 0~4 中，每个中断线对应一个中断函数，中断线 5~9 共用中断函数 EXTI9_5_IRQHandler，中断线 10~15 共用中断函数 EXTI15_10_IRQHandler。以中断线 2 的中断服务函数为例，基本代码结构如下：

```
void EXTI2_IRQHandler(void)   //中断服务函数的入口
{
    if(EXTI_GetITStatus(EXTI_Line2)! =RESET)    //判断某个线上的中断是否发生
    {
        EXTI_ClearITPendingBit(EXTI_Line2);         //清除 LINE 上的中断标志位
        要实现的中断逻辑…
    }
}
```

中断服务函数在教学程序文件 exti.c 中实现。以 PE2 按键中断为例，它对应的中断通道为 EXTI2_IRQChannel，中断服务函数为 EXTI2_IRQHandler。这样当 PE2 按键按下产生中断时，可以在中断服务函数中编写相应处理代码。编写代码时需要注意两点：

①中断响应结束时，应该清除中断标志位（也叫作清除中断源），这样可以防止中断返回后再次进入中断函数，出现死循环。如果没有清除中断标志，则程序会反复进入中断，跳不出来。本书采用软件方法清除中断标志。

②使用按键进行外部中断的时候，一般都需要进行按键延时消抖及松手检测的相关处理，中断函数可以参看以下代码：

```
void EXTI2_IRQHandler(void)
{
    if(EXTI_GetITStatus(EXTI_Line2)! =RESET)      //判断某个线上的中断是否发生
    {
        delay_ms(10);                              //延时消抖
        if(KEY2==0)                                //按键真的被按下
        {
            要实现的中断逻辑…
        }
        while(KEY2! =0);                           //等待松手
        EXTI_ClearITPendingBit(EXTI_Line2);        //清除中断标志位
    }
}
```

多数情况下，仅在中断服务函数中引入延时即可，而不用去进行二次检测，通过引入延时避免一次按键操作多次进入中断服务函数的错误发生。

```
void EXTI2_IRQHandler(void)
{
    if(EXTI_GetITStatus(EXTI_Line2)! =RESET)
    {
        delay_ms(10);      //延时消抖
        要实现的中断逻辑…
        EXTI_ClearITPendingBit(EXTI_Line2);
    }
}
```

6.2.5 HC-SR04 超声波模块驱动方法

1. 超声波模块工作原理

为了研究和利用超声波，人们已经设计和制成了许多超声波发生器。总体来讲，超声波发生器可以分为两大类：一类是用电气方式产生超声波；一类是用机械方式产生超声波。电气方式包括压电型、磁致伸缩型和电动型等；机械方式有加尔统笛、液哨和气流旋笛等。它们所产生的超声波的频率、功率和声波特性各不相同，因而用途也各不相同。目前较为常用的是压电式超声波发生器。

压电式超声波发生器实际上是利用压电晶体的谐振来工作的。它有两个压电晶片和一个共振板。当它的两极外加脉冲信号，其频率等于压电晶片的固有振荡频率时，压电晶片将会发生共振，并带动共振板振动，便产生超声波；反之，如果两电极间未外加电压，当共振板接收到超声波时，将压迫压电晶片做振动，将机械能转换为电信号，则为超声波接收器。

超声波测距原理是在超声波发射装置发出超声波，它依据的是接收器接到超声波时的时间差，与雷达测距原理相似，如图 6.2 所示。超声波发射器向某一方向发射超声波，在发射的同时开始计时，超声波在空气中传播，途中碰到障碍物就立即返回来，超声波接收器收到反射波就立即停止计时（超声波在空气中的传播速度为 340 m/s，根据计时器记录的时间 t，就可以计算出发射点距障碍物的距离（s），即 $s = 340t/2$）。

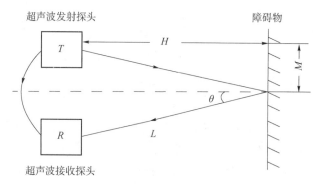

图 6.2　超声波测距原理图

HC-SR04 超声波测距模块可提供 4~400 cm 的非接触式距离感测功能，测距精度可达到 3 mm；模块包括超声波发射器、接收器与控制电路。该模块共有 4 只引出脚，从左往右，第一脚为 VCC，由于该模块工作电压为 5 V，因此需接在 5 V 供电管脚上；第二只脚为 TRIG，输入触发信号；第三只脚为 ECHO，输出回响信号；第四只脚为接地脚，接在单片机的 GND 管脚上。HC-SR04 超声波模块实物图如图 6.3 所示。

图 6.3　HC-SR04 超声波模块实物图（正面）

使用时采用 I/O 口 TRIG 触发测距，传送最少 10 μs 的高电平信号。模块收到信号后，超声波发射头自动发送 8 个 40 kHz 的方波，自动检测是否有信号返回，如图 6.4 所示。如果有信号返回，则通过 I/O 口 ECHO 输出一个高电平，高电平持续的时间即超声波从发射到返回的时间。测试距离=[高电平时间×声速(340 m/s)]/2。

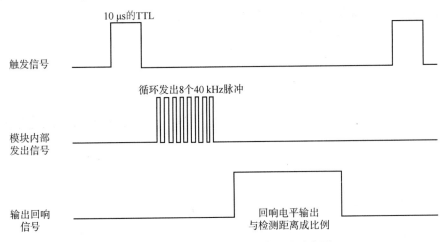

图 6.4　HC-SR04 超声波模块工作时序图

注意：

①此模块不宜带电连接，若要带电连接，则先让模块的 GND 端连接，否则，会影响模块的正常工作。

②测距时，被测物体的面积不少于 0.5 m² 且平面尽量要求平整，否则，影响测量的结果。

2. 超声波模块程序设计思路

第一步：采用单片机 I/O 口触发模块 TRIG（控制端），传送至少 10 μs 的高电平信号。

第二步：触发 TRIG 端之后，模块自动发送 8 个 40 kHz 的方波，模块再自动检测是否有信号返回。

第三步：如果有信号返回，模块 ECHO 端输出一个高电平，触发中断服务函数，在中断服务函数中启动定时器，ECHO 管脚变为低电平，则关闭定时器，那么定时器的计数值就是 ECHO 管脚高电平持续的时间，即超声波从发射到返回的时间。

第四步：单片机计算 ECHO 端高电平的时间，利用该时间计算距离。

$$测试距离 = \frac{高电平时间 \times 声速}{2}$$

经过以上 4 步操作，就可以完成超声波模块的驱动，并计算出测试距离。

超声波模块的测量距离范围是 2~400 cm，则其高电平持续的时间范围是 120 μs~12 ms。

本项目使用的定时器 TIM2，其预分频系数和重装载值分别设置成 359 和 4 999，因此定时器的定时周期可通过下式计算：

$$定时器工作时钟周期 = \frac{1 + TIM\_Prescaler}{72M} = 5 \ \mu s$$

$$定时器计数达到上限的时间 = \frac{1 + TIM\_Prescaler}{72M} \times (1 + TIM\_Period) = 25 \ ms$$

定时器每隔 5 μs 记一次数，最多能计数到 2 400（即 12 ms），高电平就消失了，这个计数值远低于 5 000 的计数上限，因此，在使用定时器 TIM2 的过程中，不可能达到一次完整的计数上限，也就是说，不可能产生计数溢出中断，自然就不需要设置中断优先级。根据本项目实际设置的预分频系数，距离计算公式可表述为：

$$测试距离=\frac{高电平时间×声速}{2}=\frac{计数值×5\ \mu s×340\ m/s}{2}=0.085×计数值(cm)$$

6.3 项目实施

任务1 单按键中断检测

（1）任务说明

要求用一个按键控制一个 LED 灯，按键每按下一次，灯的亮灭状态发生一次反转。

在前几个项目中都采用 if 判断语句进行按键检测，但这种方法是通过在主函数运用 while 循环检测按键管脚电平高低来实现的，既占用 CPU 资源，检测反馈又不及时，本任务中将运用外部中断实现按键 KEY 的检测，来解放 CPU。

（2）管脚规划

按键 KEY 接 PE3 端口，LED 灯接 PD12 端口。PE3 和 PD12 管脚初始化分别通过 KEY_Init(void) 和 LED_Init(void) 函数配置完成。由于中断触发源端口选的是 PE3，因此中断线编号也是 3，外部中断服务函数为 EXTI3_IRQHandler(void)。

（3）程序设计

如流程图 6.5 所示，单片机运行程序从主函数 main 开始，初始化 LED 及按键、外部中断引脚配置，进入 while(1) 循环，不断循环执行 while(1) 中的程序，当 PE3 所接的按键按下时，外部中断产生，程序跳出 while(1)，从而执行外部中断服务函数 EXTI3_IRQHandler (void)，如果执行完成函数 EXTI3_IRQHandler(void)，则返回 while(1) 循环执行 while(1) 中的程序，继续等待下一次中断到来。

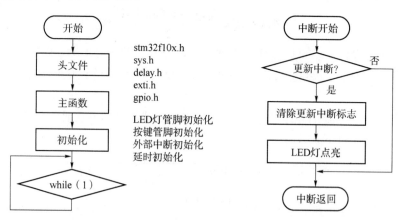

图 6.5 单按键中断检测程序流程图

例程：KEYDectWithEXTI. c

```c
#include "stm32f10x.h"
#include "sys.h"
#include "delay.h"
#include "usart.h"
#include "gpio.h"
#include "exti.h"
int main(void)
{
    uart_init(9600);
    delay_init( );
    NVIC_Configuration( );
    KEY_Init( );
    LED_Init( );
    EXTIx_Init( );        //外部中断初始化
    while(1)              //等待中断到来
    {
        printf( "Program Running! \n");
        delay_ms(1000);
    }
}
```

主函数的代码中，并没有出现关于按键输入检测，以及 LED 灯输出控制的代码，这是因为按键检测是通过外部中断机制实现的，并不需要通过程序代码去读取输入管脚电平高低，而触发外部中断后需要实现的功能（控制 LED 灯反转），都在外部中断服务函数 EXTI3_IRQHandler 中编码实现，该函数在 exti. c 中定义。外部中断相关代码如下：

```c
#include "exti.h"
void EXTIX_Init(void)
{
    EXTI_InitTypeDef        EXTI_InitStructure;
    NVIC_InitTypeDef        NVIC_InitStructure;
    KEY_Init(); //按键端口初始化
    RCC_APB2PeriphClockCmd(RCC_APB2Periph_AFIO, ENABLE);
    GPIO_EXTILineConfig(GPIO_PortSourceGPIOE, GPIO_PinSource3);    //PE3
    EXTI_InitStructure. EXTI_Line = EXTI_Line3;                    // EXTI_Line3
    EXTI_InitStructure. EXTI_Mode = EXTI_Mode_Interrupt;          //中断模式
    EXTI_InitStructure. EXTI_Trigger = EXTI_Trigger_Falling;       //下降沿触发
    EXTI_InitStructure. EXTI_LineCmd = ENABLE;
    EXTI_Init(&EXTI_InitStructure);
    NVIC_InitStructure. NVIC_IRQChannel = EXTI3_IRQn;             // EXTI3
    NVIC_InitStructure. NVIC_IRQChannelPreemptionPriority = 0x02;
```

```
        NVIC_InitStructure. NVIC_IRQChannelSubPriority = 0x02;
        NVIC_InitStructure. NVIC_IRQChannelCmd = ENABLE;
        NVIC_Init(&NVIC_InitStructure);
}
void EXTI3_IRQHandler(void)
{
        delay_ms(10);       //去抖动
        if(EXTI_GetITStatus(EXTI_Line3)! =RESET)
        {
            EXTI_ClearITPendingBit(EXTI_Line3);
            //实现PD11输出管脚电平反转
            if(GPIO_ReadOutputDataBit(GPIOD, GPIO_Pin_11)==0)
                GPIO_SetBits(GPIOD, GPIO_Pin_12);
            else
                GPIO_ResetBits(GPIOD, GPIO_Pin_12);
        }
}
```

（4）工程测试

实现效果：按键按一下，LED 灯点亮，再按一下，LED 灯熄灭，再按再亮，亮灭循环。

任务 2　多按键中断检测

（1）任务说明

要求两个按键控制一个 LED 灯：KEY0 按下，LED 灯亮；KEY1 按下，LED 灯灭。

在单按键中断任务中，已将一个端口配置成输入模式，并且在中断控制配置函数 EXTIX_Init 中将端口配置成中断模式。本节任务需要配置两个中断端口 PE2（KEY2）和 PE3（KEY3）完成双按键中断。这里只需要在单按键代码的基础上再添加一个按键中断即可。

（2）管脚规划

按键 KEY0 接 PE2 端口，按键 KEY1 接 PE3 端口，LED 灯接 PD11 端口。管脚初始化分别通过 KEY_Init(void) 和 LED_Init(void) 函数配置完成。由于中断触发源端口选的是 PE2 和 PE3，因此中断线编号分别是 2 和 3，外部中断服务函数分别为 EXTI2_IRQHandler(void) 和 EXTI3_IRQHandler(void)。

注意：PE2、PE3 都要配置成 IPU（根据实际硬件连接情况选择）。

（3）程序设计

如流程图 6.6 所示，单片机运行程序从主函数 main 开始，初始化 LED 及按键、外部中断引脚配置，进入 while(1)循环，不断循环执行 while(1)中的程序，当外部中断产生（PE3 所接的按键按下，PD11 管脚输出高电平；PE2 所接的按键按下，PD11 管脚输出低电平），程序跳出 while(1)，从而执行外部中断服务函数 EXTI3_IRQHandler(void)或 EXTI2_IRQHandler(void)，如果执行完成函数，则返回 while(1)循环执行 while(1)中的程序，继续等待下一次中断到来。

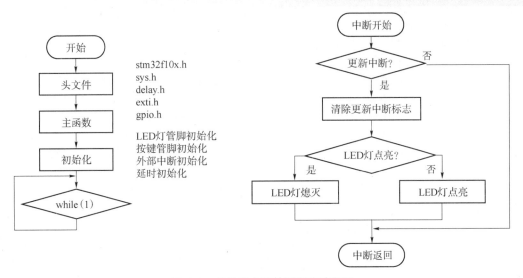

图 6.6 多按键中断检测程序流程图

例程：KEYDectWithEXTI

```
#include "stm32f10x.h"
#include "sys.h"
#include "delay.h"
#include "usart.h"
#include "gpio.h"
#include "exti.h"
int main(void)
{
    uart_init(9600);
    delay_init( );
    NVIC_Configuration( );
    EXTIX_Init( );
    while(1);    //等待中断到来
}
```

在固件库文件 timer.c 中编写中断初始化，以及中断服务函数代码：

```
#include "exti.h"
void EXTIX_Init(void)
{
    EXTI_InitTypeDef       EXTI_InitStructure;
    NVIC_InitTypeDef       NVIC_InitStructure;
    RCC_APB2PeriphClockCmd(RCC_APB2Periph_AFIO, ENABLE);
    //配置中断线 2，对应于 PE2 端口
    GPIO_EXTILineConfig(GPIO_PortSourceGPIOE, GPIO_PinSource2);
    EXTI_InitStructure.EXTI_Line = EXTI_Line2;
```

```
        EXTI_InitStructure.EXTI_Mode = EXTI_Mode_Interrupt;
        EXTI_InitStructure.EXTI_Trigger=EXTI_Trigger_Falling;
        EXTI_InitStructure.EXTI_LineCmd = ENABLE;
        EXTI_Init(&EXTI_InitStructure);
        NVIC_InitStructure.NVIC_IRQChannel = EXTI2_IRQn;
        NVIC_InitStructure.NVIC_IRQChannelPreemptionPriority = 0x02;
        NVIC_InitStructure.NVIC_IRQChannelSubPriority = 0x02;    //子优先级是2
        NVIC_InitStructure.NVIC_IRQChannelCmd = ENABLE;
        NVIC_Init(&NVIC_InitStructure);
            //配置中断线3,对应于PE3端口
        GPIO_EXTILineConfig(GPIO_PortSourceGPIOE, GPIO_PinSource3);
        EXTI_InitStructure.EXTI_Line = EXTI_Line3;
        EXTI_InitStructure.EXTI_Mode = EXTI_Mode_Interrupt;
        EXTI_InitStructure.EXTI_Trigger=EXTI_Trigger_Falling;
        EXTI_InitStructure.EXTI_LineCmd = ENABLE;
        EXTI_Init(&EXTI_InitStructure);
        NVIC_InitStructure.NVIC_IRQChannel = EXTI3_IRQn;
        NVIC_InitStructure.NVIC_IRQChannelPreemptionPriority = 0x02;
        NVIC_InitStructure.NVIC_IRQChannelSubPriority = 0x01;    //子优先级是1
        NVIC_InitStructure.NVIC_IRQChannelCmd = ENABLE;
        NVIC_Init(&NVIC_InitStructure);
}
void EXTI2_IRQHandler(void)
{
        delay_ms(10);                                           //去抖动
        if(EXTI_GetITStatus(EXTI_Line2)! =RESET)
        {
            EXTI_ClearITPendingBit(EXTI_Line2);
            GPIO_ResetBits(GPIOD, GPIO_Pin_11);
        }
}
void EXTI3_IRQHandler(void)
{
        delay_ms(10);                                           //去抖动
        if(EXTI_GetITStatus(EXTI_Line3)! =RESET)
        {
            EXTI_ClearITPendingBit(EXTI_Line3);
            GPIO_SetBits(GPIOD, GPIO_Pin_11);
        }
}
```

（4）工程测试

实现效果：用KEY1、KEY2两个按键分别控制LED灯点亮和熄灭，KEY1按一下，LED

灯亮；KEY2 按一下，LED 灯灭。

任务 3　超声波测距实现倒车雷达

（1）任务说明

运用外部中断接收超声波模块采集的距离数据，并在 LCD 屏幕上同步显示。通过主函数判断采集距离值是否达到危险距离，如果达到，将控制蜂鸣器报警，实现倒车雷达的效果。

（2）管脚规划

超声波传感器 TRIG 接 PD10 端口，ECHO 接 PD9 端口，蜂鸣器接 PA8 端口。PD10 是输出管脚，输出触发信号，驱动超声波模块工作；PD9 是输入管脚，接收超声波的检测输出信号。这两个管脚的初始化配置都在函数 UltrasonicWave_Init( ) 中完成，该函数定义在 Ultrasonic.c 文件中。

（3）程序设计

如流程图 6.7 所示，单片机运行程序从主函数 main 开始，初始化 LED 及按键、外部中断引脚配置，进入 while（1）循环，不断循环执行 while（1）中的程序；执行函数 UltrasonicWave_Start( )，PD10 管脚发送一个大于 10 μs 的脉冲给超声波模块，超声波测距完成后，超声波模块的 ECHO 产生高电平信号传输给 PD9，PD9 外部中断捕获信号，利用定时器记录高电平产生的时间长短，定时器捕获的值经过计算为测出的距离，LCD 显示距离，跳出外部中断服务函数 EXTI9_5_IRQHandler( )，进入 while（1），判断距离值 distance 小于 0.5 m 时，蜂鸣器报警，否则不报警。返回 while（1）循环执行 while（1）中的程序。

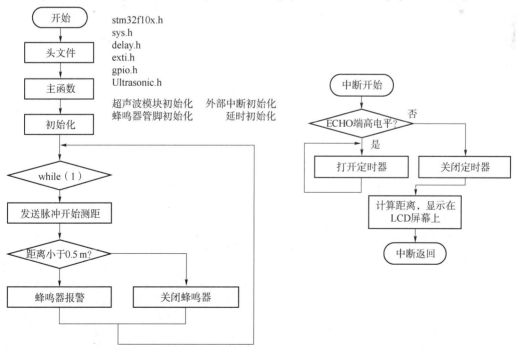

图 6.7　HC-SR04 超声波模块测距程序流程图

主函数代码如下：

```
#include "sys.h"
#include "delay.h"
#include "usart.h"
#include "led.h"
#include "key.h"
#include "Ultrasonic.h"
int main(void)
{
    delay_init( );                                    //延时函数初始化
    NVIC_PriorityGroupConfig(NVIC_PriorityGroup_2);   //设置中断优先级分组为组2
    uart_init(115200);                                //串口初始化为115200
    BEEP_Init( );
    UltrasonicTimer_Init(359, 4999);                  //定时器初始化,200 kHz 的计数频率
    UltrasonicWave_Init( );                           //对超声波模块相关管脚和中断线初始化
    LCD1602_Init();
    while(1)
    {
        //开始测距,发送一个大于 10 μs 的脉冲,然后测量返回的高电平时间
        UltrasonicWave_Start( );
        delay_ms(100);
        if(distance<50)                               //测距小于 0.5 m 时,令蜂鸣器报警
            GPIO_SetBits(GPIOB, GPIO_Pin_1);
        else
            GPIO_ResetBits(GPIOB, GPIO_Pin_1);
    }
}
```

在主函数 main.c 中使用了 Ultrasonic.c 中定义的变量 distance，因此该变量是全局变量，需要在 Ultrasonic.h 中进行外部变量声明，main.c 中引用 Ultrasonic.h 就可以直接使用 distance 变量了。所以需要在 Ultrasonic.h 中增加一句代码：

```
extern    float    distance;
```

超声波初始化配置函数 UltrasonicWave_Init( ) 定义在 Ultrasonic.c 中，具体代码为如下：

```
#include "Ultrasonic.h"
#include "delay.h"
#include "usart.h"
#include "lcd1602.h"
float distance;
u8 DT[8];
void UltrasonicWave_Init(void)
{
```

```
    GPIO_InitTypeDef    GPIO_InitStruct;
    NVIC_InitTypeDef    NVIC_InitStruct;
    EXTI_InitTypeDef    EXTI_InitStruct;
    RCC_APB2PeriphClockCmd(RCC_APB2Periph_GPIOD|RCC_APB2Periph_AFIO,ENABLE);
    /* 超声波发射端配置,PD10 管脚连接模块的 TRIG* /
    GPIO_InitStruct.GPIO_Pin = GPIO_Pin_10;
    GPIO_InitStruct.GPIO_Speed = GPIO_Speed_50MHz;
    GPIO_InitStruct.GPIO_Mode = GPIO_Mode_Out_PP;
    GPIO_Init(GPIOD, &GPIO_InitStruct);
    /* 超声波接收端配置,PD9 管脚连接模块的 ECHO* /
    GPIO_InitStruct.GPIO_Pin = GPIO_Pin_9;
    GPIO_InitStruct.GPIO_Mode = GPIO_Mode_IPD;
    GPIO_Init(GPIOD, &GPIO_InitStruct);
    /* 选择 GPIO 管脚 PD9 作为外部中断线* /
    GPIO_EXTILineConfig(GPIO_PortSourceGPIOD, GPIO_PinSource9);
    /* 外部中断的配置* /
    EXTI_InitStruct.EXTI_Line = EXTI_Line9;
    EXTI_InitStruct.EXTI_Mode = EXTI_Mode_Interrupt;
    EXTI_InitStruct.EXTI_Trigger = EXTI_Trigger_Rising;
    EXTI_InitStruct.EXTI_LineCmd = ENABLE;
    EXTI_Init(&EXTI_InitStruct);
    EXTI_ClearITPendingBit(EXTI_Line9);                 //清除中断的挂起位
    /* 外部中断优先级的配置* /
    NVIC_InitStruct.NVIC_IRQChannel=EXTI9_5_IRQn;      // 9-5 管脚共用一个中断线
    NVIC_InitStruct.NVIC_IRQChannelPreemptionPriority=0;
    NVIC_InitStruct.NVIC_IRQChannelSubPriority=0;
    NVIC_InitStruct.NVIC_IRQChannelCmd=ENABLE;
    NVIC_Init(&NVIC_InitStruct);
}
void UltrasonicWave_Start( )                           //控制端 PD10 发送信号子函数
{
    GPIO_ResetBits(GPIOD, GPIO_Pin_10);
    GPIO_SetBits(GPIOD, GPIO_Pin_10);
    delay_us(20);
    GPIO_ResetBits(GPIOD, GPIO_Pin_10);
}
void EXTI9_5_IRQHandler()                              //中断服务函数
{
    if(EXTI_GetITStatus(EXTI_Line9)! =RESET)
    {
        EXTI_ClearITPendingBit(EXTI_Line9);
        TIM_SetCounter(TIM2, 0);                       //定时器计数值清零
        TIM_Cmd(TIM2, ENABLE);                         //启动定时器计时
        while(GPIO_ReadInputDataBit(GPIOD, GPIO_Pin_9));
        TIM_Cmd(TIM2, DISABLE);                        //停止计时
        //通过定时器计数值计算距离值,计数值通过函数 TIM_GetCounter(TIM2)获取
```

```
//公式推导参见 6.2.5 节
distance=TIM_GetCounter(TIM2)* 0.085;
sprintf((char* )DT,"Distance:%4f ", diatance);        //将 diatance 赋值给数组 DT
LCD1602_Show_Str( 1, 0, "                  " );        //清除显示
LCD1602_Show_Str( 1, 0, DT );                         //显示数组 DT
    }
}
```

定时器配置 timer. c 中的代码为：

```
#include "timer.h"
void UltrasonicTimer_Init( )
{
    TIM_TimeBaseInitTypeDef TIM_TimeBaseInitStruct;
    RCC_APB1PeriphClockCmd(RCC_APB1Periph_TIM2, ENABLE);
    TIM_TimeBaseInitStruct.TIM_Period =4999;                        //重装载值
    TIM_TimeBaseInitStruct.TIM_Prescaler =359;                      //预分频系数
    TIM_TimeBaseInitStruct.TIM_ClockDivision =0;                    //时钟分配
    TIM_TimeBaseInitStruct.TIM_CounterMode = TIM_CounterMode_Up;    //向上计数
    TIM_TimeBaseInit(TIM2, &TIM_TimeBaseInitStruct);
}
```

定时器 TIM2 的初始化代码中，没有关于中断优先级的设置，原因分析参见 6.2.5 节。

（4）工程测试

实现效果：模拟小车倒车入库的情景，超声波传感器实时传输小车与障碍物之间的距离，当达到一定距离后，蜂鸣器报警提示避免相撞，并通过 LCD 屏幕实时显示测距结果，如图 6.8 所示。

图 6.8　LCD1602 实时显示超声波测距结果

6.4　项目总结

①STM32 单片机检测按键状态的编程实现。

②超声波传感器模块基于 STM32 单片机的编程实现。

③STM32 单片机的中断机制，中断服务函数的调用与普通函数调用的区别。

④理解开发板初始化函数中的 NVIC_Configuration 中断设置子函数。

⑤理解基于 ARM Cortex-M3 内核的 STM32 单片机中断优先级。

6.5　项目拓展练习

配置两个中断端口 PA0 和 PA1 完成双按键中断。只需要在单按键代码的基础上再添加一个按键中断即可。

main.c 中的代码如下：

```
#include "stm32f10x.h"
#include "sys.h"
#include "delay.h"
#include "usart.h"
#include "gpio.h"
#include "exti.h"
int main(void)
{
    uart_init(9600);
    delay_init();
    NVIC_Configuration();
    EXTIX_Init();
    while(1);    //等待中断到来
}
```

编写中断服务函数代码：

```
#include "exti.h"
void EXTIX_Init(void)
{
    EXTI_InitTypeDef      EXTI_InitStructure;
    NVIC_InitTypeDef      NVIC_InitStructure;
    RCC_APB2PeriphClockCmd(RCC_APB2Periph_AFIO, ENABLE);
KEY_Init( );
    GPIO_EXTILineConfig(GPIO_PortSourceGPIOA,GPIO_PinSource0);
    EXTI_InitStructure.EXTI_Line = EXTI_Line0;
    EXTI_InitStructure.EXTI_Mode = EXTI_Mode_Interrupt;
    EXTI_InitStructure.EXTI_Trigger=EXTI_Trigger_Falling;
    EXTI_InitStructure.EXTI_LineCmd = ENABLE;
    EXTI_Init(&EXTI_InitStructure);
    EXTI_InitStructure.EXTI_Line = EXTI_Line1;
    EXTI_InitStructure.EXTI_Mode = EXTI_Mode_Interrupt;
```

```
        EXTI_InitStructure.EXTI_Trigger=EXTI_Trigger_Falling;
        EXTI_InitStructure.EXTI_LineCmd = ENABLE;
        EXTI_Init(&EXTI_InitStructure);
        NVIC_InitStructure.NVIC_IRQChannel = EXTI0_IRQn;
        NVIC_InitStructure.NVIC_IRQChannelPreemptionPriority = 0x02;
        NVIC_InitStructure.NVIC_IRQChannelSubPriority = 0x02;
        NVIC_InitStructure.NVIC_IRQChanneLCDd = ENABLE;
        NVIC_Init(&NVIC_InitStructure);
        NVIC_InitStructure.NVIC_IRQChannel = EXTI1_IRQn;
        NVIC_InitStructure.NVIC_IRQChannelPreemptionPriority = 0x02;
        NVIC_InitStructure.NVIC_IRQChannelSubPriority = 0x01;
        NVIC_InitStructure.NVIC_IRQChanneLCDd = ENABLE;
        NVIC_Init(&NVIC_InitStructure);
}
void EXTI0_IRQHandler(void)
{
        delay_ms(10);
        if(GPIO_ReadOutputDataBit(GPIOB, GPIO_Pin_0))
            GPIO_SetBits(GPIOB, GPIO_Pin_0);
        else
            GPIO_ResetBits(GPIOB, GPIO_Pin_0);
            EXTI_ClearITPendingBit(EXTI_Line0);
}
void EXTI1_IRQHandler(void)
{
        delay_ms(10);
        if(GPIO_ReadOutputDataBit(GPIOB, GPIO_Pin_1))
            GPIO_SetBits(GPIOB, GPIO_Pin_1);
        else
            GPIO_ResetBits(GPIOB, GPIO_Pin_1);
            EXTI_ClearITPendingBit(EXTI_Line1);
}
```

习　题

1. 简要概述什么是中断。
2. 简要概述 STM32 中断的作用。
3. STM32 4 bit 的中断优先级是如何进行分组的？

4. 简要概述 STM32 抢占式优先级和响应优先级的关系。

5. 假设有两个外部中断同时到来，并且其抢占优先级相同，此时单片机如何进行处理？

6. 简要概述 STM32 单片机的外部中断服务函数的作用。

7. STM32 单片机的外部中断服务函数有哪几个？各是什么？

8. 按键使用外部中断，其连接的 I/O 口的模式有哪几种？

9. 按键使用外部中断，有哪几种触发方式？

10. 简要概述超声波测距的工作原理。

11. 简要概述超声波模块工作时定时器中断的过程。

项目 7　智能风扇
（定时器高级应用）

7.1　项目分析

STM32 单片机共有 8 个定时器，分成 3 个组：TIM1 和 TIM8 是高级定时器；TIM2～TIM5 是通用定时器；TIM6 和 TIM7 是基本的定时器。

本项目中将重点学习通用定时器的使用。通用定时器除了基本的定时器的功能外，还具有产生输出波形（输出比较和 PWM）、测量输入信号的脉冲长度（输入捕获）以及正交编码功能，本项目具体学习这三方面的功能。通过任务练习，能够掌握单片机 PWM 信号的输出、正交编码器的使用，以及利用输入捕获方法进行转速检测。

本项目一共完成 3 个子任务，按照 PWM 控制呼吸灯、转速检测、智能风扇的顺序展开内容，具体的任务说明与技能要求见表 7.1。

表 7.1　任务说明与技能要求

序号	任务名称	任务说明	技能要求
1	PWM 控制呼吸灯	利用定时器产生输出波形，通过控制不同占空比的 PWM 信号来控制小灯亮度变化	1. 定时器初始化配置。 2. 定时器 PWM 占空比设置
2	转速检测	利用定时器正交编码功能完成对车轮转速和行进距离的检测	1. 定时器初始化配置。 2. 定时器正交编码设置

续表

序号	任务名称	任务说明	技能要求
3	智能风扇	多定时器多通道控制风扇转速，利用一通道产生输出波形、另一通道进行输入捕获，测量风扇转速进行反馈，使风扇以稳定速度旋转，形成闭环控制系统	1. 定时器初始化配置。 2. 定时器输入捕获设置

7.2　技术准备

7.2.1　通用定时器 PWM 概述

脉冲宽度调制（PWM），是英文"Pulse Width Modulation"的缩写，简称脉宽调制，是利用微处理器的数字输出来对模拟电路进行控制的一种非常有效的技术。简单来讲，就是对脉冲宽度的控制。

PWM 信号的原理如图 7.1 所示。

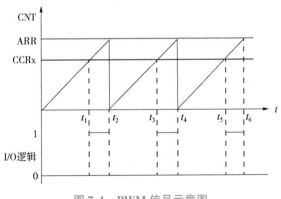

图 7.1　PWM 信号示意图

PWM 是利用微处理器的数字输出对模拟电路进行控制，即对逆变电路开关器件的通断进行控制，使输出端得到一系列幅值相等的脉冲，用这些脉冲来代替正弦波或所需的波形。也就是在输出波形的半个周期中产生多个脉冲，使各脉冲的等值电压为正弦波形，所获得的输出平滑且低次谐波少。按一定的规则对各脉冲的宽度进行调制，即可改变逆变电路输出电压的大小，也可改变输出频率。

例如，把正弦半波波形分成 N 等份，就可把正弦半波看成由 N 个彼此相连的脉冲所组成的波形。这些脉冲宽度相等，都等于 π/N，但幅值不等，并且脉冲顶部不是水平直线，而是曲线，各脉冲的幅值按正弦规律变化。如果把上述脉冲序列用同样数量的等幅而不等宽的矩形脉冲序列代替，使矩形脉冲的中点和相应正弦等分的中点重合，并且使矩形脉冲和相应正弦部分面积（即冲量）相等，就得到一组脉冲序列，这就是 PWM 波形。可以看出，各脉冲宽度是按正弦规律变化的。根据冲量相等则效果相同的原理，PWM 波形和正弦半波是等效的。对于正弦的负半周，也可以用同样的方法得到 PWM 波形。

在 PWM 波形中，各脉冲的幅值是相等的，要改变等效输出正弦波的幅值时，只要按同一比例系数改变各脉冲的宽度即可。

STM32 的定时器除了 TIM6 和 TIM7 外，其他的定时器都可以用来产生 PWM 输出。其中，高级定时器 TIM1 和 TIM8 可以同时产生多达 7 路的 PWM 输出，而通用定时器也能同时产生多达 4 路的 PWM 输出。因此，STM32 单片机最多可以同时产生 30 路 PWM 输出。

本书使用的单片机型号是 STM32F103ZET6，TIM2～TIM5 的各个通道与单片机管脚的默认映射关系见表 7.2。

表 7.2　定时器各通道与单片机管脚映射关系

定时器编号	TIM2				TIM3				TIM4				TIM5			
通道编号	CH1	CH2	CH3	CH4	CH1	CH2	CH3	CH4	CH1	CH2	CH3	CH4	CH1	CH2	CH3	CH4
映射管脚	PA0	PA1	PA2	PA3	PA6	PA7	PB0	PB1	PB6	PB7	PB8	PB9	PA0	PA1	PA2	PA3

这里仅以 TIM3 的 CH2 产生一路 PWM 输出为例进行讲解。要利用 TIM3 的 CH2 输出 PWM 来控制灯的亮度，由于 TIM3_CH2 默认是接在管脚 PA7 上面的，所以需要把 LED 灯与 PA7 相连。

7.2.2　PWM 初始化配置

利用 TIM3 的 2 通道（CH2）产生一路 PWM 信号，共需要完成以下 5 步操作：
①开启 TIM3 时钟，配置 PA7 为复用输出。

要使用 TIM3，必须先开启 TIM3 的时钟，接着配置 PA7 为复用推挽输出。库函数使能 TIM3 时钟的方法是：

```
RCC_APB1PeriphClockCmd(RCC_APB1Periph_TIM3, ENABLE);        //使能 TIM3 时钟
RCC_APB2PeriphClockCmd(RCC_APB2Periph_AFIO, ENABLE);        //复用时钟使能
//设置 PA7 为复用推挽输出的方法已多次使用,这里仅简单列出 GPIO 初始化的一行代码即可
GPIO_InitStructure. GPIO_Mode = GPIO_Mode_AF_PP;        //复用推挽输出
```

②初始化 TIM3，设置 TIM3 的 ARR 和 PSC。

在开启了 TIM3 的时钟之后，就要设置 ARR 和 PSC 两个寄存器的值来控制输出 PWM 的周期。当 PWM 周期太慢（低于 50 Hz）的时候，就会明显感觉到闪烁。因此，PWM 周期在这里不宜设置得太小。配置过程与定时器的一般应用配置过程相同。

```
TIM_TimeBaseStructure.TIM_Period = arr;
TIM_TimeBaseStructure.TIM_Prescaler =psc;
TIM_TimeBaseStructure.TIM_ClockDivision = 0;
TIM_TimeBaseStructure.TIM_CounterMode = TIM_CounterMode_Up;
TIM_TimeBaseInit(TIM3, &TIM_TimeBaseStructure);
```

③设置 TIM3_CH2 的 PWM 模式，使能 TIM3 的 CH2 输出。

首先开启 TIM3_CH2 为 PWM 模式（默认是冻结的）。在库函数中，PWM 通道是通过函数 TIM_OC1Init( )~TIM_OC4Init( ) 来设置的，不同通道的设置函数不一样，由于这里使用的是通道 2，所以使用的函数是 TIM_OC2Init( )。

```
void TIM_OC2Init(TIM_TypeDef*  TIMx, TIM_OCInitTypeDef*  TIM_OCInitStruct);
```

其中，结构体 TIM_OCInitTypeDef 的定义如下：

```
typedef struct
{
    uint16_t TIM_OCMode;
    uint16_t TIM_OutputState;
    uint16_t TIM_OutputNState; * /
    uint16_t TIM_Pulse;
    uint16_t TIM_OCPolarity;
    uint16_t TIM_OCNPolarity;
    uint16_t TIM_OCIdleState;
    uint16_t TIM_OCNIdleState;
}
TIM_OCInitTypeDef;
```

TIM_OCInitTypeDef 结构体共有 8 个成员变量：

参数 TIM_OCMode 设置模式为 PWM 模式，有两种不同的 PWM 模式：TIM_OCMode_PWM1 和 TIM_OCMode_PWM2。

参数 TIM_OutputState 用来使能比较输出功能，也就是使能 PWM 输出到端口。

参数 TIM_OCPolarity 用来设置极性是高还是低。

参数 TIM_OutputNState、TIM_OCNPolarity、TIM_OCIdleState 和 TIM_OCNIdleState 是高级定时器 TIM1 和 TIM8 才用到的。

要实现上面提到的场景，方法是：

```
TIM_OCInitTypeDef   TIM_OCInitStructure;
TIM_OCInitStructure.TIM_OCMode = TIM_OCMode_PWM1;          //选择 PWM 模式 1
TIM_OCInitStructure.TIM_OutputState = TIM_OutputState_Enable;   //比较输出使能
TIM_OCInitStructure.TIM_OCPolarity = TIM_OCPolarity_High;   //输出极性高
TIM_OC2Init(TIM3, &TIM_OCInitStructure);                   //初始化 TIM3 OC2
```

④使能 TIM3。

在完成以上设置之后，还需要使能 TIM3。使用 TIM_Cmd 命令：

```
TIM_Cmd(TIM3, ENABLE);          //使能 TIM3
```

⑤修改 TIM3_CCR2 来控制占空比。

在经过以上设置之后，PWM 其实已经开始输出了，只是其占空比和频率都是固定的，而通过修改 TIM3_CCR2 则可以控制 CH2 的输出占空比，继而控制灯的亮度。

在库函数中，修改 TIM3_CCR2 占空比的函数是：

```
void TIM_SetCompare2(TIM_TypeDef*  TIMx, uint16_t Compare2);
```

每个通道都分别对应着一个函数名，函数名格式为 TIM_SetCompareX(X = 1,2,3,4)。该函数有两个参数：第一个参数是定时器编号（TIM3），第二个参数是在一个定时器计数周期内，电平发生跳变的计数值，其要小于定时器的计数上限（Compare2≤TIM_Period）。

以 PWM 边沿对齐模式，定时器向上计数配置为例，两种不同 PWM 模式的波形如图 7.2 所示。

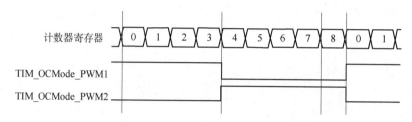

图 7.2　PWM 不同输出模式波形示意图

若 TIM_OCInitTypeDef. TIM_OCMode = TIM_OCMode_PWM1，当计时器值小于比较器设定值时，TIMx 输出有效高电位；当计时器值大于或等于比较器设定值时，TIMx 输出低电位。

若 TIM_OCInitTypeDef. TIM_OCMode = TIM_OCMode_PWM2，当计时器值小于比较器设定值时，TIMx 输出有效低电位；当计时器值大于或等于比较器设定值时，TIMx 输出高电位。

完成以上 5 个步骤，就可以控制 TIM3 的 CH2（PA7 管脚）输出 PWM 波了。

7.2.3　通用定时器输入捕获概述

输入捕获模式可以用来测量脉冲宽度或者测量频率。STM32 的定时器，除了 TIM6 和 TIM7 外，其他都有输入捕获功能。STM32 的输入捕获，简单地说，就是通过检测 TIMx_CHx 上的边沿信号，在边沿信号发生跳变（比如上升沿/下降沿）的时候，将当前定时器的值（TIMx_CNT）存放到对应的通道的捕获/比较寄存器（TIMx_CCRx）里面，完成一次捕获。然后根据实际需要，重新配置捕获模式（上升沿/下降沿），当再次出现边沿跳变时，再次记录当前 TIMx_CNT 值，完成二次捕获，利用两次捕获值之差，就可以计算出两次捕获之间的时间差。

本项目需要利用编码轮检测车轮的转速，普通光电编码轮的结构如图 7.3 所示。

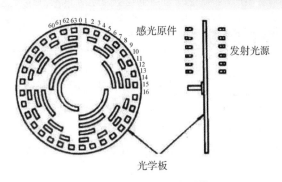

图7.3　普通光电编码轮结构图

测速原理：

所谓编码器，即是将某种物理量转换为数字格式的装置。运动控制系统中的编码器的作用是将位置和角度等参数转换为数字量。可采用电接触、磁效应、电容效应和光电转换等机理，形成各种类型的编码器。运动控制系统中最常见的编码器是光电编码器。

光电编码器根据其用途的不同，分为旋转光电编码器和直线光电编码器，分别用于测量旋转角度和直线尺寸。光电编码器的关键部件是光电编码装置，其在旋转光电编码器中是圆形的码盘（codewheel 或 codedisk），而在直线光电编码器中则是直尺形的码尺（codestrip）。码盘和码尺根据用途和成本的需要，可用金属、玻璃和聚合物等材料制作，其原理都是在运动过程中产生代表运动位置的数字化的光学信号。

图7.3可用于说明透射式旋转光电编码器的原理。在与被测轴同心的码盘上刻制了按一定编码规则形成的遮光和透光部分的组合。在码环的一边是发光二极管或白炽灯光源，另一边则是接收光线的光电器件。码盘随着被测轴转动，从而使透过码盘的光束产生间断，通过光电器件的接收和电子线路的处理，产生特定电信号的输出，再经过数字处理，可计算出位置和速度信息。

产生的输出脉冲信号如图7.4所示。

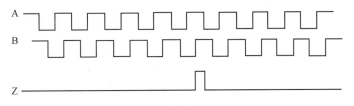

图7.4　光电编码轮输出脉冲信号

本项目用定时器（TIM5_CH1）的输入捕获模式，来捕获编码轮输出的高电平脉宽，实现过程就是先设置输入捕获为上升沿检测，记录出现上升沿时 TIM5_CNT 的值。然后配置捕获信号为下降沿捕获，当下降沿到来时，再次发生捕获，并记录此时的 TIM5_CNT 值。这样，前后两次 TIM5_CNT 之差，就是高电平的脉宽，再结合 TIM5 的计数频率，就可以计算出高电平脉宽的持续时间。

7.2.4 输入捕获初始化配置

本项目要实现通过输入捕获来获取 TIM5_CH1 （默认映射端口 PA0）上的高电平脉冲宽度，并从串口打印捕获结果。下面介绍输入捕获的配置步骤：

①开启 TIM5 时钟和 GPIOA 时钟，配置 PA0 为下拉输入。

除了开启 TIM5 时钟外，还要配置 PA0 为下拉输入，因为要捕获 TIM5_CH1 上面的高电平脉宽，而 TIM5_CH1 默认是连接在 PA0 上面的。

```
RCC_APB1PeriphClockCmd(RCC_APB1Periph_TIM5, ENABLE);      //使能 TIM5 时钟
RCC_APB2PeriphClockCmd(RCC_APB2Periph_GPIOA, ENABLE);     //使能 GPIOA 时钟
```

②初始化 TIM5，设置 TIM5 的 ARR 和 PSC。

开启 TIM5 时钟后，就要设置 ARR 和 PSC 两个寄存器的值来设置输入捕获的自动重装载值和计数频率。配置过程与定时器的一般应用配置过程相同。

```
TIM_TimeBaseInitTypeDef   TIM_TimeBaseStructure;
TIM_TimeBaseStructure.TIM_Period = arr;
TIM_TimeBaseStructure.TIM_Prescaler =psc;
TIM_TimeBaseStructure.TIM_ClockDivision = TIM_CKD_DIV1;
TIM_TimeBaseStructure.TIM_CounterMode = TIM_CounterMode_Up;
TIM_TimeBaseInit(TIM5, &TIM_TimeBaseStructure);
```

③设置 TIM5 的输入比较参数，开启输入捕获。

输入比较参数的设置包括映射关系、滤波、分频及捕获方式等。这里需要设置通道 1 为输入模式，并且 IC1 映射到 TI1（通道 1）上面，而且不使用滤波器（以提高响应速度），上升沿捕获。库函数是通过 TIM_ICInit 函数来初始化输入比较参数的：

```
void TIM_ICInit(TIM_TypeDef*  TIMx, TIM_ICInitTypeDef*  TIM_ICInitStruct);
```

同样，来看看参数设置结构体 TIM_ICInitTypeDef 的定义：

```
typedef struct
{
    uint16_t TIM_Channel;
    uint16_t TIM_ICPolarity;
    uint16_t TIM_ICSelection;
    uint16_t TIM_ICPrescaler;
    uint16_t TIM_ICFilter;
}
TIM_ICInitTypeDef;
```

参数 TIM_Channel 用来设置通道。这里设置为通道 1，为 TIM_Channel_1。

参数 TIM_ICPolarit 用来设置输入信号的有效捕获极性，这里设置为 TIM_ICPolarity_Rising，上升沿捕获。同时，库函数还提供了单独设置通道 1 捕获极性的函数 TIM_OC1PolarityConfig（TIM5，TIM_ICPolarity_Falling）。

这表示通道 1 为上升沿捕获，后面会用到这一通道。同时，对于其他三个通道，也有一个类似的函数，使用的时候一定要分清楚使用的是哪个通道、该调用哪个函数，格式为 TIM_OCxPolarityConfig（ ）。

参数 TIM_ICSelection 用来设置映射关系，这里配置 IC1 直接映射在 TI1 上，选择 TIM_ICSelection_DirectTI。

参数 TIM_ICPrescaler 用来设置输入捕获分频系数，项目中无须分频，所以选中"开启捕获中断"和"更新中断"选项。

最后使用定时器的开中断函数 TIM_ITConfig 即可使能捕获和更新中断：

```
TIM_ITConfig( TIM5,TIM_IT_Update|TIM_IT_CC1,ENABLE);    //允许更新中断和捕获中断
```

④设置中断分组，编写中断服务函数。

设置中断分组的方法前面已多次提到，这里不再做讲解，主要是通过函数 NVIC_Init（ ）来完成。分组完成后，还需要在中断函数里面完成数据处理和捕获设置等关键操作，从而实现高电平脉宽统计。在中断服务函数里面，跟以前的外部中断和定时器中断实验中一样，在中断开始的时候要进行中断类型判断，在中断结束的时候要清除中断标志位。使用到的函数分别为 TIM_GetITStatus（ ）和 TIM_ClearITPendingBit（ ）。

```
if (TIM_GetITStatus(TIM5, TIM_IT_Update) ! = RESET){}    //判断是否为更新中断
if (TIM_GetITStatus(TIM5, TIM_IT_CC1) ! = RESET){}       //判断是否发生捕获事件
TIM_ClearITPendingBit(TIM5, TIM_IT_CC1|TIM_IT_Update);   //清除中断和捕获标志位
```

⑤使能定时器（设置 TIM5 的 CR1 寄存器）。

最后，必须打开定时器的计数器开关，启动 TIM5 计数器，开始输入捕获。

```
TIM_Cmd(TIM5, ENABLE );       //使能定时器 5
```

通过以上 5 步设置，定时器 5 的通道 1 就可以开始进行输入捕获操作了。

7.3 项目实施

任务 1 PWM 控制呼吸灯

（1）任务说明

通过控制小灯的亮度，进一步理解 PWM，要求用定时器 TIM3、通道 CH3 完成呼吸

灯控制，改变管脚输出的 PWM 占空比来改变小灯两端平均电压，使小灯的亮度不断地变化。

（2）管脚规划

查表 7.2 可知，TIM3 的通道 3 对应的单片机管脚为 PB0。初始化配置过程通过函数 TIM3_PWM_Init(u16 arr,u16 psc)完成，该函数在文件 timer.c 中定义，配置管脚的同时，还完成了定时器 PWM 初始化配置。

```
void TIM3_PWM_Init(u16 arr,u16 psc)
{
    GPIO_InitTypeDef    GPIO_InitStructure;
    TIM_TimeBaseInitTypeDef    TIM_TimeBaseStructure;
    TIM_OCInitTypeDef    TIM_OCInitStructure;
    RCC_APB1PeriphClockCmd(RCC_APB1Periph_TIM3, ENABLE);
    RCC_APB2PeriphClockCmd(RCC_APB2Periph_GPIOB|RCC_APB2Periph_AFIO, ENABLE);
    GPIO_InitStructure.GPIO_Pin = GPIO_Pin_0;              //TIM3_CH3
    GPIO_InitStructure.GPIO_Mode = GPIO_Mode_AF_PP;        //复用推挽输出
    GPIO_InitStructure.GPIO_Speed = GPIO_Speed_50MHz;      //I/O 口速度为 50 MHz
    GPIO_Init(GPIOB, &GPIO_InitStructure);
    TIM_TimeBaseStructure.TIM_Period = arr;                //设置自动重装载寄存器周期的值
    TIM_TimeBaseStructure.TIM_Prescaler =psc;              //设置 TIM3 时钟频率除数的预分频值
    TIM_TimeBaseStructure.TIM_ClockDivision = 0;           //设置时钟分割
    TIM_TimeBaseStructure.TIM_CounterMode = TIM_CounterMode_Up;  //TIM 向上计数模式
    TIM_TimeBaseInit(TIM3, &TIM_TimeBaseStructure);
    TIM_OCInitStructure.TIM_OCMode = TIM_OCMode_PWM1;      //定时器:脉宽调制模式 1
    TIM_OCInitStructure.TIM_OutputState = TIM_OutputState_Enable;  //比较输出使能
    TIM_OCInitStructure.TIM_Pulse =0;                      //设置待装入捕获比较寄存器的脉冲值
    TIM_OCInitStructure.TIM_OCPolarity = TIM_OCPolarity_High;  //TIM1 输出比较极性:高
    TIM_OC3Init(TIM3, &TIM_OCInitStructure);               //CH3
    TIM_CtrlPWMOutputs(TIM3, ENABLE);                      //MOE 主输出使能
    TIM_OC3PreloadConfig(TIM3, TIM_OCPreload_Enable);      //CH3 预装载使能
    TIM_ARRPreloadConfig(TIM3, ENABLE);                    //使能 TIM3 在 ARR 上的预装载寄存器
    TIM_Cmd(TIM3, ENABLE);                                 //使能 TIM3
}
```

（3）程序设计

流程图如图 7.5 所示，代码首先从主函数 main()开始运行，先执行延时和 PWM 初始化，然后进入 while(1)循环，将变量 i 赋值为 10，并判断 i 是否小于等于 1 999，判断结果为真，调节 PWM 占空比增加。令 i=i+30，循环判断直至判断结果为假。判断结果为假时，将变量 i 赋值为 1 999。然后判断变量 i 是否大于等于 0，判断结果为真时，减小 PWM 占空比，令i=i-30，循环判断。

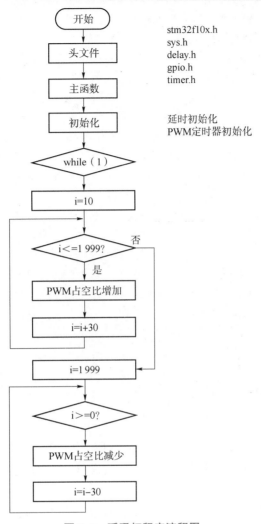

图 7.5　呼吸灯程序流程图

①配置定时器 PWM 管脚及定时器通道使能 TIM3_PWM_Init(1999, 719)。

②主函数对定时器进行初始化配置，写呼吸灯亮灭变化的逻辑结构。

```
#include "stm32f10x.h"
#include "usart.h"
#include "oled.h"
#include "sys.h"
#include "delay.h"
#include "timer.h"
int main(void)
{
    int i;
    delay_init( );        //延时初始化,系统时钟初始化
```

```
    uart_init(9600);    //串口初始化,波特率为9 600
    TIM3_PWM_Init(1999, 719);
    while(1)
    {
        for(i=10; i<=1999; i=i+30)
        {
            //B0 输出的 PWM 信号占空比逐步增大,平均电压变大。
            //因为 LED 灯是低电平点亮,所以电压增大导致灯变暗。
            TIM_SetCompare3(TIM3, i);    //i<=1999,i=1999 时,全是高电平
            delay_ms(10);
        }
        for(i=1999; i>=0; i=i-30)
        {
            //B0 输出的 PWM 信号占空比逐步增大,平均电压变大。
            //因为 LED 灯是低电平点亮,所以电压减小使得灯变亮。
            TIM_SetCompare3(TIM3, i);
            delay_ms(10);
        }
    }
}
```

（4）工程测试

编写程序，编译无错误后，将 .hex 文件下载到单片机中，观察现象，发现 PB0 控制的 LED 灯从暗到亮，再从亮到暗，逐步循环变化。效果就像 LED 灯在循环呼气、吸气，所以叫作呼吸灯。

如果 LED 灯没有反应，一般是由于 PWM 输出配合有误，按照配置步骤详细检查 timer.c 中的内容，重新编译下载。

任务 2　转速检测

（1）任务说明

使用定时器 TIM4，定时器通道 CH1、CH2 完成对车轮转速和行进距离的检测，本任务主要用到定时器的计数功能，通过对编码轮反馈的高低电平进行计数，得到车轮的转动圈数，从而计算出转动速度。

流程图如图 7.6 所示，代码首先从主函数 main( ) 开始运行，先执行延时和定时器初始化，然后进入 while(1) 循环，计数器开始计数，判断编码轮是否正转，判断结果为真，圈数加 1，判断结果为假，圈数减 1。然后利用获得的圈数计算距离并显示，代码返回 while(1) 起始位置。依此类推，反复执行。

（2）管脚规划

TIM4 的 CH1、CH2 通道对应管脚为 PA6、PA7。

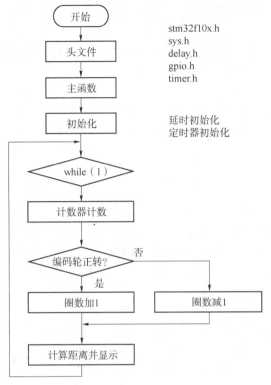

图 7.6　转速检测流程图

（3）程序设计

```
void TIM4_Init(void)
{
    TIM_TimeBaseInitTypeDef    TIM_TimeBaseStructure;
    TIM_ICInitTypeDef    TIM_ICInitStructure;
    GPIO_InitTypeDef    GPIO_InitStructure;
    NVIC_InitTypeDef    NVIC_InitStructure;
    RCC_APB1PeriphClockCmd(RCC_APB1Periph_TIM4,ENABLE);
    RCC_APB2PeriphClockCmd(RCC_APB2Periph_GPIOB,ENABLE);
    GPIO_InitStructure.GPIO_Pin = GPIO_Pin_6 | GPIO_Pin_7;
    GPIO_InitStructure.GPIO_Speed = GPIO_Speed_50MHz;
    GPIO_InitStructure.GPIO_Mode = GPIO_Mode_IN_FLOATING;
    GPIO_Init(GPIOB, &GPIO_InitStructure);

    TIM_TimeBaseStructInit(&TIM_TimeBaseStructure);
    TIM_TimeBaseStructure.TIM_Prescaler = 0x0;                      // 无分频
    TIM_TimeBaseStructure.TIM_Period = 499*4;                      //计数器重载值
    TIM_TimeBaseStructure.TIM_ClockDivision = TIM_CKD_DIV1;        //设置时钟分割
    TIM_TimeBaseStructure.TIM_CounterMode = TIM_CounterMode_Up;   //向上计数模式
```

```
    TIM_TimeBaseInit(TIM4, &TIM_TimeBaseStructure);

    TIM_EncoderInterfaceConfig(TIM4,TIM_EncoderMode_TI12,TIM_ICPolarity_BothEdge);
    //编码器接口初始化
    TIM_ICStructInit(&TIM_ICInitStructure);                //清除所有挂起中断
    TIM_ICInitStructure.TIM_ICFilter = 6;                  //选择输入比较滤波器
    TIM_ICInit(TIM4, &TIM_ICInitStructure);
    TIM_ClearFlag(TIM4, TIM_FLAG_Update);                  //清除所有待处理的中断
    TIM_ITConfig(TIM4, TIM_IT_Update, ENABLE);

    NVIC_InitStructure.NVIC_IRQChannel = TIM4_IRQn;              //TIM3 中断
    NVIC_InitStructure.NVIC_IRQChannelPreemptionPriority = 0;    //先占优先级 0 级
    NVIC_InitStructure.NVIC_IRQChannelSubPriority = 3;           //从优先级 3 级
    NVIC_InitStructure.NVIC_IRQChannelCmd = ENABLE;             //IRQ 通道被使能
    NVIC_Init(&NVIC_InitStructure);

    TIM_SetCounter(TIM4,0);
    TIM_Cmd(TIM4, ENABLE);
}
```

①配置定时器正交编码器模式使用的管脚及定时器通道使能。
②配置定时器中断服务函数。

```
void TIM4_IRQHandler(void)
{
    u32 temp;
    temp=(TIM_GetCounter(TIM4)&0xffff);
    if(TIM_GetITStatus(TIM4, TIM_IT_Update) ! = RESET)
    {
        count++;
        if(temp==0)                    //判断轮是否前进
        {
            if(predir==1)  upcount++;      //圈数+1
            else    predir=1;
        }
        else
        {
            if(predir==0)              //判断轮是否后退
            {
                upcount- -;                //圈数-1
                if(upcount<0)    upcount = 0;  //只记正向圈数,若圈数为 0,仍然后退,则不进行记圈
```

```
        }
    else
        predir=0;
    }
}
```

主函数计算并打印获取的参数值：

```
F=TIM4→CNT/4*3.64/100;//得到未满一圈轮的行驶距离
aY=upcount*18.2+F;      //计算行驶距离,假设轮的周长为18.2 cm
printf("\r\n 右轮 count = %.2fCM ",upcount*18.2+F);
```

（4）工程测试

编写代码，编译无错误后下载到单片机中，控制编码轮转动，通过串口可以看出编码轮的行进距离及转速。

任务3 智能风扇

（1）任务说明

通过任务1所学知识配置定时器 TIM3，使定时器 CH3 输出 PWM 控制风扇转动。同时，使用定时器 TIM4、通道 CH3 的输入捕获模式测量风扇转速，形成闭环控制，使风扇转速稳定在指定转速上。

流程图如图 7.7 所示，代码首先从主函数 main( ) 开始运行，先执行延时、定时器初始化和输入捕获配置，然后进入 while(1) 循环，接着开始判断是否捕获到上升沿，判断结果为真时，打印 PWM 值，返回 while(1) 循环，判断结果为假时，返回 while(1) 循环。在主函数 main( ) 执行过程中，一直判断中断是否触发，如果触发，停止主函数运行程序，执行中断程序。

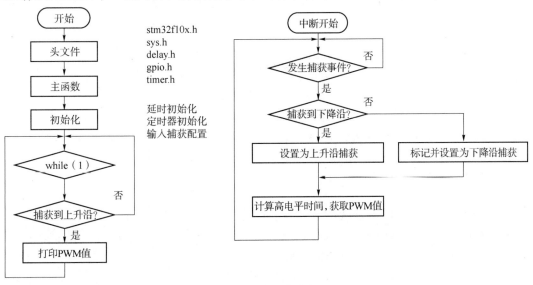

图 7.7　智能风扇流程图

判断是否发生捕获事件，判断结果为真时，再判断是否捕获到下降沿，判断结果为假时，再进行返回判断。判断是否捕获到下降沿，判断结果为真时，设置为上升沿捕获，判断结果为假时，标记并设置为下降沿捕获。然后计算高电平时间，获得 PWM 值，再返回中断开始进行判断。当中断程序执行结束后，再继续执行主函数的程序，等待中断程序的下次触发。依此类推，反复执行。

（2）管脚规划

TIM3 的 CH3 通道管脚为 B0。

（3）程序设计

输入捕获函数配置：

```
//定时器3通道3输入捕获配置
TIM_ICInitTypeDef    TIM3_ICInitStructure;
void TIM3_Cap_Init(u16 arr,u16 psc)
{
    GPIO_InitTypeDef GPIO_InitStructure;
    TIM_TimeBaseInitTypeDef    TIM_TimeBaseStructure;
    NVIC_InitTypeDef NVIC_InitStructure;
    RCC_APB1PeriphClockCmd(RCC_APB1Periph_TIM3, ENABLE);        //使能 TIM5 时钟
    RCC_APB2PeriphClockCmd(RCC_APB2Periph_GPIOB, ENABLE);       //使能 GPIOB 时钟
    GPIO_InitStructure.GPIO_Pin   = GPIO_Pin_0;                 //PB0 清除之前设置
    GPIO_InitStructure.GPIO_Mode = GPIO_Mode_IPD;              //PB0 输入
    GPIO_Init(GPIOB, &GPIO_InitStructure);
    GPIO_ResetBits(GPIOB,GPIO_Pin_0);                          //PB0 下拉
    //初始化定时器3 TIM3
    TIM_TimeBaseStructure.TIM_Period = arr;                    //设定计数器自动重装值
    TIM_TimeBaseStructure.TIM_Prescaler =psc;                  //预分频器
    TIM_TimeBaseStructure.TIM_ClockDivision = TIM_CKD_DIV1;    // TDTS = Tck_tim
    TIM_TimeBaseStructure.TIM_CounterMode = TIM_CounterMode_Up;   //TIM 向上计数模式
    TIM_TimeBaseInit(TIM5, &TIM_TimeBaseStructure);
    //初始化 TIM5 输入捕获参数
    TIM3_ICInitStructure.TIM_Channel = TIM_Channel_3;    //CC1S=01,输入端 IC1 映射到 TI1
    TIM3_ICInitStructure.TIM_ICPolarity = TIM_ICPolarity_Rising;    //上升沿捕获
    TIM3_ICInitStructure.TIM_ICSelection = TIM_ICSelection_DirectTI; //映射到 TI1 上
    TIM3_ICInitStructure.TIM_ICPrescaler = TIM_ICPSC_DIV1;      //配置输入分频,不分频
    TIM3_ICInitStructure.TIM_ICFilter = 0x00;        //IC1F=0000,配置输入滤波器不滤波
    TIM_ICInit(TIM3, &TIM3_ICInitStructure);
    //中断分组初始化
    NVIC_InitStructure.NVIC_IRQChannel = TIM3_IRQn;            //TIM3 中断
    NVIC_InitStructure.NVIC_IRQChannelPreemptionPriority = 2;  //先占优先级2级
    NVIC_InitStructure.NVIC_IRQChannelSubPriority = 0;         //从优先级0级
    NVIC_InitStructure.NVIC_IRQChannelCmd = ENABLE;           //IRQ 通道被使能
```

```
        NVIC_Init(&NVIC_InitStructure);      //根据 NVIC_InitStruct 中指定的参数初始化外设 NVIC 寄存器
        TIM_ITConfig(TIM3,TIM_IT_Update|TIM_IT_CC3,ENABLE);   //允许更新中断,允许 CC1IE 捕获中断
        TIM_Cmd(TIM3,ENABLE );                               //使能定时器 5
}
u32 temp=0;
u8  TIM3CH3_CAPTURE_STA=0,pwm3_rx_sta=0,pwm3_rx_num=0;    //输入捕获状态
u16 TIM3CH3_CAPTURE_VAL;
u16 pwm_rx[1];
//定时器 3 中断服务程序
void TIM3_IRQHandler(void)
{
    if((TIM3CH3_CAPTURE_STA&0X80)==0)                     //还未成功捕获
    {
        if (TIM_GetITStatus(TIM3, TIM_IT_CC3) ! = RESET)  //发生捕获事件
        {
            if(TIM3CH3_CAPTURE_STA&0X40)                 //捕获到一个下降沿
            {
                TIM3CH3_CAPTURE_STA|=0X80;              //标记成功捕获到一次高电平脉宽
                TIM3CH3_CAPTURE_VAL=TIM_GetCapture3(TIM3);
                TIM_OC3PolarityConfig(TIM5,TIM_ICPolarity_Rising);   // 设置为上升沿捕获
            }
            else                                          //还未开始,第一次捕获上升沿
            {
                TIM3CH3_CAPTURE_STA=0;                   //清空
                TIM3CH3_CAPTURE_VAL=0;
                TIM_SetCounter(TIM5,0);
                TIM3CH3_CAPTURE_STA|=0X40;              //标记捕获到了上升沿
                TIM_OC3PolarityConfig(TIM3,TIM_ICPolarity_Falling);  //下降沿捕获
            }
        }
    }
    //处理帧数据
    if(TIM3CH3_CAPTURE_STA&0X80)                         //成功捕获到了一次上升沿
    {
        if(pwm3_rx_sta==1)
        {
            pwm_rx[1]=TIM3CH3_CAPTURE_VAL;
        }
        if(4>TIM3CH3_CAPTURE_STA&0X3F>0||TIM3CH3_CAPTURE_VAL>1)
            pwm3_rx_sta++;
```

```
        if(pwm3_rx_sta==2)
        {
            pwm3_rx_sta=0;pwm_rx[0]=1;pwm3_rx_num=0;
        }
        TIM3CH3_CAPTURE_STA=0;//开启下一次捕获
    }
    TIM_ClearITPendingBit(TIM3,TIM_IT_CC3|TIM_IT_Update); //清除中断标志位
}
```

主函数配置：

```
#include "led.h"
#include "delay.h"
#include "key.h"
#include "sys.h"
#include "usart.h"
#include "timer.h"

extern u8   TIM3CH3_CAPTURE_STA;            //输入捕获状态
extern u16 TIM3CH3_CAPTURE_VAL;             //输入捕获值
extern u16 pwm_rx[];
int main(void)
{
    delay_init();                           //延时函数初始化
    NVIC_PriorityGroupConfig(NVIC_PriorityGroup_2);  /*设置 NVIC 中断分组 2:2 位抢占优先级,2
                                            位响应优先级*/
    uart_init(115200);                      //串口初始化为 115 200
    LED_Init();                             //LED 端口初始化
    TIM3_PWM_Init(2000-1,720-1);            //不分频。PWM 频率=72 000/(899+1)=80(kHz)
    TIM3_Cap_Init(0XFFFF,72-1);             //以 1 MHz 的频率计数
    while(1)
    {
        delay_ms(1000);
        if(pwm_rx[0])                       //成功捕获到了一次上升沿
        {
            printf("chane:% d\r\n",pwm_rx[1]);
            pwm_rx[0]=0;
        }
    }
}
```

（4）工程测试

编写代码，编译无误后，下载到单片机中，若 PWM 输出值的改变与任务 1 的相同，则可看出风扇的速度在不断变化，此时通过串口可以看到由输入捕获检测到的 PWM 值。

7.4　项目总结

①STM32 单片机通用定时器的工作原理及编程。

②STM32 单片机定时器的 PWM 电动机控制编程。

③STM32 单片机定时器的 PWM 输入检测编程。

④STM32 单片机定时器编码轮模式的配置和使用。

习　　题

1. 简要概述什么是 PWM 信号。

2. STM32 单片机中共有几个定时器？它们是如何分组的？

3. 简要概述 STM32 单片机利用定时器产生 PWM 信号的步骤。

4. STM32 单片机中，通用定时器和高级定时器分别可同时产生几路 PWM 输出？

5. STM32 单片机中，有哪些定时器可以产生 PWM 信号？最多可以产生多少路 PWM 输出？简要说明原因。

项目 8　智能台灯
（A/D 转换应用）

本项目主要学习单片机 A/D 转换部分，做一个基于 STM32F1 的智能台灯。主要运用 A/D 完成对光敏二极管两端电压检测，并通过计算得到检测的亮度值，小灯由两个按键控制，通过按键改变小灯的亮度。当光敏二极管检测到周围环境变暗后，增加 LED 灯亮度，反之，则降低 LED 灯亮度，进而实现台灯智能化。以下将通过项目分析、技术准备和项目实施部分做具体介绍。

8.1　项目分析

在单片机应用中，常常需要测量温度、湿度、压力、速度、液位、流量等多种模拟量（Analog），而单片机是个数字（Digit）系统，内部用 "0" 和 "1" 的数字量进行运算。因此，模拟量需要通过输入接口，即模数转换器（Analog Digital Converter，ADC）转换成数字量传送给单片机。有时单片机还需要通过输出接口，即数模转换器（Digital Analog Converter，DAC）将数字量转换成模拟量，才能去控制被控对象或用于数据显示（如模拟式仪表）。

模拟量信号是连续变化的电压、电流信号，与数字量有本质上的区别。模拟量信号往往是一些弱信号，需要放大、滤波、线性化、信号变换等一系列的电路处理，把检测到的模拟量（电压或电流信息）变换成指定范围的电压信号，通过 A/D 转换电路转换成相应的数字量才能输入单片机处理。因此，A/D 技术是单片机应用系统的重要环节之一。本项目介绍 STM32 单片机 A/D 模数转换编程，使用光敏二极管检测环境光强值，并通过 LCD 屏幕或串口通信软件进行显示。通过本项目，可以掌握 STM32 单片机 A/D 转换编程技术。

本项目主要使用单片机的 A/D 转换功能，通过参数配置，开启固定的 A/D 转换通道，将需要检测的模拟量管脚接到指定的单片机 A/D 转换管脚，即可通过编写程序获取到模拟量的数值。本项目一共需要完成 3 个子任务，使用的功能包含之前学过的 PWM 信号输出和按键控制。任务按照环境光照亮度检测、按键调节台灯亮度、智能台灯的顺序展开内容，具体的任务说明与技能要求见表 8.1。

表 8.1　任务说明与技能要求

序号	任务名称	任务说明	技能要求
1	环境光照亮度检测	单片机通过 A/D 转换获取光敏二极管两端电压值，并计算得到对应的亮度值，并通过串口发送给电脑	1. STM32 单片机 ADC 工作原理。 2. ADC 初始化配置。 3. ADC 数据获取程序设计
2	按键调节台灯亮度	两个按键改变输出 PWM 信号占空比，进而改变小灯的亮度，通过光敏二极管检测 LED 灯亮度，并通过串口显示	1. 通过按键调节 PWM 占空比。 2. 光敏二极管亮度检测
3	智能台灯	自动调节台灯亮度，在光敏二极管检测到周围环境变暗后，增加 LED 灯亮度，反之，则降低亮度	1. 闭环控制原理。 2. 台灯亮度自动调节程序设计方法

8.2　技术准备

前期需要了解光敏二极管的工作原理、单片机 ADC 的特点、硬件电路以及初始化配置、STM32F10 系列的单片机相关库函数的应用，以及在工程中进行导入和相关管脚的配置方法。熟知实验箱的硬件电路，在配置相关管脚时，能正确匹配。本项目所需的硬件有光敏二极管、STM32F103ZET6 单片机、电阻、小灯。软件使用 Keil 5、串口助手 XCOM 及烧录代码软件 FlyMcu 等。

8.2.1　光敏二极管的工作原理

光敏二极管和光敏三极管是光电转换半导体器件，与光敏电阻器相比，具有灵敏度高、高频性能好、可靠性好、体积小、使用方便等优点。

（1）特点与符号

光敏二极管和普通二极管相比，虽然都属于单向导电的非线性半导体器件，但在结构上有其特殊的地方。使用光敏二极管时，要反向接入电路中，即正极接电源负极，负极接电源正极。其符号如图 8.1 所示。

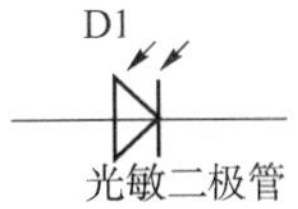

图 8.1　光敏二极管符号

（2）光电转换原理

根据 PN 结反向特性可知，在一定反向电压范围内，反向电流很小且处于饱和状态，如果此时无光照射 PN 结，则因本征激发产生的电子-空穴对数量有限，反向饱和电流保持不变，在光敏二极管中称为暗电流。当有光照射 PN 结时，结内将产生附加的大量电子-空穴对（称为光生载流子），使流过 PN 结的电流随着光照强度的增加而剧增，此时的反向电流称为光电流。不同波长的光（蓝光、红光、红外光）在光敏二极管的不同区域被吸收，形成光电流。被表面 P 型扩散层所吸收的主要是波长较短的蓝光，在这一区域，因光照产生

的光生载流子（电子）一旦漂移到耗尽层界面，就会在结电场作用下被拉向 N 区，形成部分光电流；波长较长的红光将透过 P 型层在耗尽层激发出电子-空穴对，这些新生的电子和空穴载流子也会在结电场作用下分别到达 N 区和 P 区，形成光电流。波长更长的红外光将透过 P 型层和耗尽层，直接被 N 区吸收。在 N 区内，因光照产生的光生载流子（空穴）一旦漂移到耗尽区界面，就会在结电场作用下被拉向 P 区，形成光电流。因此，光照射时，流过 PN 结的光电流应是三部分光电流之和。

（3）二极管的两种工作状态

光敏二极管又称光电二极管，它是一种光电转换器件，其基本原理是光照到 P-N 结上时，吸收光能并转变为电能。它具有两种工作状态：

①当光敏二极管加上反向电压时，管中的反向电流随着光照强度的改变而改变，光照强度越大，反向电流越大。大多数光敏二极管工作在这种状态。

②当光敏二极管上不加电压时，利用 P-N 结在受光照时产生正向电压的原理，把它用作微型光电池。这种工作状态一般用于光电检测器。光敏二极管分为 P-N 结型、PIN 结型、雪崩型和肖特基结型，其中用得最多的是 P-N 结型，其价格低廉。

8.2.2　STM32F10x ADC 特点

ADC 是将连续变化的模拟信号转换为离散的数字信号的器件。典型的模拟数字转换器将模拟信号转换为表示一定比例电压值的数字信号。

STM32F10x 具备 12 位逐次逼近型模拟数字转换器，最多带 3 个 ADC 控制器；支持 18 个通道，可最多测量 16 个外部信号源和 2 个内部信号源；支持单次和连续转换模式。转换结束、发生模拟看门狗事件时产生中断，通道 0 到通道 n 自动扫描、自动校准。采样间隔可以按通道编程，规则通道和注入通道均有外部触发选项；转换结果支持左对齐或右对齐方式存储在 16 位数据寄存器。

ADC 转换时间：最大转换速率为 1 μs（频率为 1 MHz，其在 ADCCLK = 14 MHz，采样周期为 1.5 个 ADC 时钟下得到）。

ADC 供电要求：2.4~3.6 V。

ADC 输入范围：$V_{REF-} \leqslant VIN \leqslant V_{REF+}$。

ADCx 的 16 个通道与单片机管脚的对应关系见表 8.2。

表 8.2　ADCx 的 16 个通道与单片机管脚的对应关系

输入通道编号	0	1	2	3	4	5	6	7	8	9	10	11	12	13	14	15
ADC1/ADC2 对应单片机管脚	PA0	PA1	PA2	PA3	PA4	PA5	PA6	PA7	PB0	PB1	PC0	PC1	PC2	PC3	PC4	PC5
ADC3 对应单片机管脚	PA0	PA1	PA2	PA3	PA4	PA5	PA6	PA7	PB0	PB1	PC0	PC1	PC2	PC3	PC4	PC5

8.2.3　STM32 单片机 ADC 硬件结构

ADC 引脚要求见表 8.3，ADC 硬件结构如图 8.2 所示。

表 8.3　ADC 引脚要求

名称	型号类型	注释
V_{REF+}	输入，模拟参考正极	ADC 使用的高端/正极参考电压，$2.4\ \mathrm{V} \leqslant V_{REF+} \leqslant V_{DDA}$
$V_{DDA}^{(1)}$	输入，模拟电源	等效于 V_{DD} 的模拟电源且 $2.4\ \mathrm{V} \leqslant V_{DDA} \leqslant V_{DD}$（3.6 V）
V_{REF-}	输入，模拟参考负极	ADC 使用的低端/负极参考电压，$V_{REF+} = V_{SSA}$
$V_{SSA}^{(1)}$	输入，模拟电源地	等效于 V_{SS} 的模拟电源地
ADCx_IN[15:0]	模拟输入信号	16 个模拟输入通道

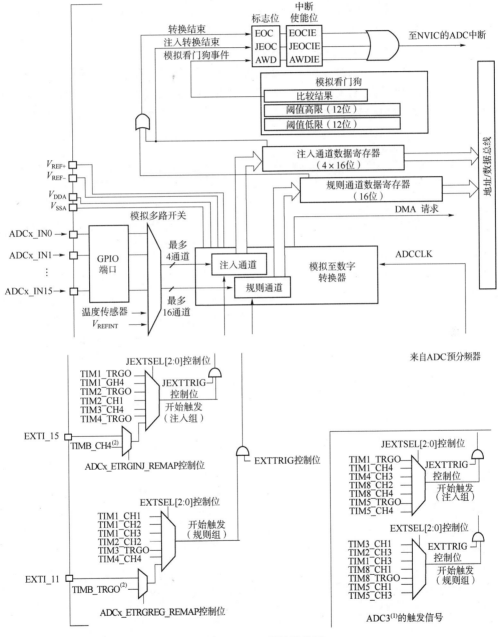

图 8.2　ADC 硬件结构图

8.2.4 ADC 初始化配置

前面简单介绍了 STM32 的 ADC 功能，下面将介绍如何使用库函数来设定使用 ADC1 的通道 1 进行 A/D 转换。这里需要说明一下，使用到的库函数定义在 stm32f10x_adc.c 文件和 stm32f10x_adc.h 文件中。下面讲解其详细设置步骤：

①开启 PA 口时钟和 ADC1 时钟，设置 PA1 为模拟输入。

STM32F103ZET6 的 ADC 通道 1 在 PA1 上，所以需要先使能 PORTA 的时钟和 ADC1 的时钟，然后设置 PA1 为模拟输入。使能 GPIOA 和 ADC 的时钟用 RCC_APB2PeriphClockCmd 函数，要设置 PA1 的输入方式，使用 GPIO_Init 函数即可。

②复位 ADC1，同时设置 ADC1 分频因子。

开启 ADC1 时钟之后，通过复位 ADC1，将 ADC1 的全部寄存器重设为默认值之后，就可以通过 RCC_CFGR 设置 ADC1 的分频因子。分频因子要确保 ADC1 的时钟（ADCCLK）不超过 14 MHz。在这里设置分频因子为 6，时钟为 72/6 = 12（MHz），库函数的实现方法是：

```
RCC_ADCCLKConfig(RCC_PCLK2_Div6);
```

ADC 时钟复位的方法是：

```
ADC_DeInit(ADC1);
```

这个函数非常容易理解，就是复位指定的 ADC。

③初始化 ADC1 参数，设置 ADC1 的工作模式以及规则序列的相关信息。

在设置完分频因子之后，就可以开始 ADC1 的模式配置了，单次转换模式设置、触发方式选择、数据对齐方式设置等都在这一步实现。同时，还需要设置 ADC1 规则序列的相关信息，这里只有一个通道，并且是单次转换的，所以设置规则序列中通道数为 1。这些在库函数中是通过函数 ADC_Init 实现的，下面看看其定义：

```
void ADC_Init(ADC_TypeDef* ADCx, ADC_InitTypeDef* ADC_InitStruct);
```

从函数定义可以看出，第一个参数是指定 ADC 通道编号。接下来配置第二个参数，与其他外设初始化一样，通过设置结构体成员变量的值来设定参数。

```
typedef struct
{
uint32_t ADC_Mode;
FunctionalState ADC_ScanConvMode;
FunctionalState ADC_ContinuousConvMode;
uint32_t ADC_ExternalTrigConv;
uint32_t ADC_DataAlign;
uint8_t ADC_NbrOfChannel;
}
ADC_InitTypeDef;
```

参数 ADC_Mode 用来设置 ADC 的模式。前面讲解过，ADC 的模式非常多，包括独立模式、注入同步模式等，这里选择独立模式，所以其参数配置为 ADC_Mode_Independent。

参数 ADC_ScanConvMode 用来设置是否开启扫描模式，因为是单次转换，这里需选择不开启，配置参数值为 DISABLE 即可。

参数 ADC_ContinuousConvMode 用来设置是否开启连续转换模式。因为是单次转换模式，所以选择不开启连续转换模式，配置参数值为 DISABLE 即可。

参数 ADC_ExternalTrigConv 用来设置启动规则转换组转换的外部事件。这里选择软件触发，选择值为 ADC_ExternalTrigConv_None 即可。

参数 ADC_DataAlign 用来设置 ADC 数据对齐方式是左对齐还是右对齐。这里选择右对齐方式 ADC_DataAlign_Right。

参数 ADC_NbrOfChannel 用来设置规则序列的长度。这里是单次转换，所以值为 1 即可。

通过上面对每个参数的讲解，来看初始化范例：

```
ADC_InitTypeDef ADC_InitStructure;
ADC_InitStructure.ADC_Mode = ADC_Mode_Independent;   //ADC 工作模式:独立模式
ADC_InitStructure.ADC_ScanConvMode = DISABLE;        //ADC 单通道模式
ADC_InitStructure.ADC_ContinuousConvMode = DISABLE; //ADC 单次转换模式
ADC_InitStructure.ADC_ExternalTrigConv = ADC_ExternalTrigConv_None;
//转换由软件而不是外部触发启动
ADC_InitStructure.ADC_DataAlign = ADC_DataAlign_Right;//ADC 数据右对齐
ADC_InitStructure.ADC_NbrOfChannel = 1;               //顺序进行规则转换的 ADC 通道的数目为 1
ADC_Init(ADC1, &ADC_InitStructure);                   //根据指定的参数初始化外设 ADCx
```

④使能 ADC 并校准。

在设置完以上信息后，就可以使能 ADC，执行复位校准和 ADC 校准。注意，这两步是必需的，如果没有校准，将导致结果很不准确。

使能指定的 ADC 的方法是：

```
ADC_Cmd(ADC1, ENABLE);    //使能指定的 ADC1
```

执行复位校准的方法是：

```
ADC_ResetCalibration(ADC1);
```

执行 ADC 校准的方法是：

```
ADC_StartCalibration(ADC1);    //开始指定 ADC1 的校准状态
```

记住，每次进行校准之后，都要等待校准结束。这里通过获取校准状态来判断校准是否结束。

下面一一列出复位校准和 ADC 校准的等待结束方法：

```
while(ADC_GetResetCalibrationStatus(ADC1));    //等待复位校准结束
while(ADC_GetCalibrationStatus(ADC1));         //等待 ADC 校准结束
```

⑤读取 ADC 值。

校准完成之后，ADC 就算准备好了。接下来设置规则序列 1 里面的通道、采样顺序及通道的采样周期，然后启动 ADC 转换。在转换结束后，读取 ADC 转换结果值即可。这里设置规则序列通道以及采样周期的函数是：

```
void ADC_RegularChannelConfig(ADC_TypeDef* ADCx, uint8_t ADC_Channel,
uint8_t Rank, uint8_t ADC_SampleTime);
```

这里是规则序列中的第 1 个转换，同时，采样周期为 239.5，所以设置为：

```
ADC_RegularChannelConfig(ADC1, ch, 1, ADC_SampleTime_239Cycles5 );
```

软件开启 ADC 转换的方法是：

```
ADC_SoftwareStartConvCmd(ADC1, ENABLE);        //使能指定的 ADC1 的软件转换启动功能
```

开启转换之后，就可以获取 ADC 转换结果数据，方法是：

```
ADC_GetConversionValue(ADC1);
```

同时，在 ADC 转换中，还要根据状态寄存器的标志位来获取 ADC 转换的各个状态信息。库函数获取 ADC 转换的状态信息的函数是：

```
FlagStatus ADC_GetFlagStatus(ADC_TypeDef* ADCx, uint8_t ADC_FLAG)
```

比如，要判断 ADC1 的转换是否结束，方法是：

```
while(! ADC_GetFlagStatus(ADC1, ADC_FLAG_EOC ));        //等待转换结束
```

这里还需要说明一下 ADC 的参考电压，本书使用的开发板芯片型号是 STM32F103ZET6，该芯片有外部参考电压：V_{REF-} 和 V_{REF+}，其中，V_{REF-} 必须和 V_{SSA} 连接在一起，而 V_{REF+} 的输入范围为 $2.4 \sim V_{DDA}$。STM23 开发板通过 P7 端口设置 V_{REF-} 和 V_{REF+} 的参考电压，默认通过跳线帽将 V_{REF-} 接到 GND、V_{REF+} 接到 V_{DDA}，参考电压是 3.3 V。如果希望设置其他参考电压，将参考电压接在 V_{REF-} 和 V_{REF+} 上即可。本章参考电压设置为 3.3 V。

通过以上 5 个步骤的设置之后，就能够正常的使用 STM32 的 ADC1 通道来执行 ADC 转换操作了。

8.3　项目实施

本项目分为三个任务，依次为环境光照亮度检测、按键调节台灯亮度和智能台灯。为了实现智能台灯，任务 1 对光敏二极管进行电压检测，任务 2 通过按键来调节小灯的 PWM 值，最后应用任务 1 和任务 2 的知识点来完成任务 3 智能台灯的综合应用。

任务1　环境光照亮度检测

（1）任务说明

通过本项目的学习，使用 ADC3 的通道 6 完成对光敏二极管两端电压检测，通过计算得到检测的亮度值，并通过串口发送给电脑。

（2）管脚规划

ADC3 的通道 6 对应 STM32 单片机的 PF8 管脚。

（3）程序设计

流程图如图 8.3 所示，代码首先从主函数 main( ) 开始运行，先执行延时和 ADC 初始化，然后进入 while(1) 循环，接着开始读取 ADC 管脚的模拟量值，并将得到的数值转化为亮度值，然后利用串口发送函数将数据发送给电脑。发送完毕后，代码返回 while(1) 起始位置重新获取 ADC 管脚的模拟量，依此类推，反复执行。

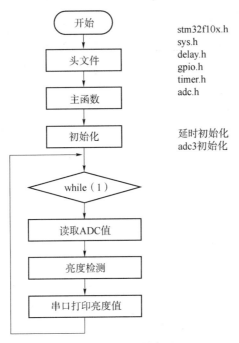

图 8.3　环境光亮度检测流程图

程序 8.1：亮度检测工程的主函数 main. c 代码如下。进行初始化操作，在 while(1) 循环中不停地检测 ADC 的值，得到平均值之后，通过串口打印返回 ADC 管脚的模拟量。

```
#include "led.h"
#include "delay.h"
#include "key.h"
#include "sys.h"
#include "usart.h"
#include "adc.h"
```

```
#include "timer.h"
int main(void)
{
u8 t;
u32 temp_val;
delay_init();                    //延时函数初始化
    NVIC_PriorityGroupConfig(NVIC_PriorityGroup_2);      //设置中断优先级分组为组2
    uart_init(115200);           //串口初始化为115 200
    LED_Init( );                 //初始化与 LED 连接的硬件接口
    Adc3_Init( );                //初始化 Adc3
    TIM3_PWM_Init(1999, 719);
    while(1)
    {
        for(t=0;t<LSENS_READ_TIMES;t++)
        {
            temp_val+=Get_Adc3(LSENS_ADC_CHX);  //读取 ADC 值
//其中,LSENS_ADC_CHX 在 adc.h 中定义为 ADC_Channel_6
            delay_ms(5);
        }
        temp_val/=LSENS_READ_TIMES;             //得到平均值
        printf("光强=% d\r\n",temp_val);
    }
}
```

程序 8.2：对 ADC 配置函数 adc.c 进行初始化配置。

```
#include "adc.h"
#include "delay.h"
#include "sys.h"
//初始化 ADC3
//这里仅以规则通道为例
//默认仅开启通道 6
void   Adc3_Init(void)
{
ADC_InitTypeDef ADC_InitStructure;
GPIO_InitTypeDef GPIO_InitStructure;
RCC_APB2PeriphClockCmd(RCC_APB2Periph_ADC3, ENABLE );        //使能 ADC3 通道时钟
    RCC_APB2PeriphClockCmd(RCC_APB2Periph_GPIOF,ENABLE);    //使能 PORTF 时钟
GPIO_InitStructure.GPIO_Pin = GPIO_Pin_8;                   //PF8 信号输入管脚
GPIO_InitStructure.GPIO_Mode = GPIO_Mode_AIN;               //模拟输入引脚
GPIO_Init(GPIOF, &GPIO_InitStructure);

    RCC_APB2PeriphResetCmd(RCC_APB2Periph_ADC3,ENABLE);     //ADC 复位
    RCC_APB2PeriphResetCmd(RCC_APB2Periph_ADC3,DISABLE);    //复位结束
    ADC_DeInit(ADC3);   //复位 ADC3,将外设 ADC3 的全部寄存器重设为默认值
```

```
ADC_InitStructure.ADC_Mode = ADC_Mode_Independent;      //ADC 工作模式: 独立模式
ADC_InitStructure.ADC_ScanConvMode = DISABLE;   //ADC 转换工作在单通道模式
ADC_InitStructure.ADC_ContinuousConvMode = DISABLE;   //ADC 转换工作在单次转换模式
ADC_InitStructure.ADC_ExternalTrigConv = ADC_ExternalTrigConv_None;   /* 转换由软件而不是
                                                       外部触发启动 */
ADC_InitStructure.ADC_DataAlign = ADC_DataAlign_Right;   //ADC 数据右对齐
ADC_InitStructure.ADC_NbrOfChannel = 1;   //顺序进行规则转换的 ADC 通道的数目
ADC_Init(ADC3, &ADC_InitStructure);   /* 根据 ADC_InitStruct 中指定的参数初始化外设 ADCx
                                 的寄存器 */
ADC_Cmd(ADC3, ENABLE);                            //使能指定的 ADC3
ADC_ResetCalibration(ADC3);                       //使能复位校准
while(ADC_GetResetCalibrationStatus(ADC3));       //等待复位校准结束
ADC_StartCalibration(ADC3);                       //开启 AD 校准
while(ADC_GetCalibrationStatus(ADC3));            //等待校准结束
}
//获得 ADC3 某个通道的值
//CH:通道值 0~16
//返回值:转换结果
u16 Get_Adc3(u8 ch)
{
  //设置指定 ADC 的规则组通道、一个序列、采样时间
  ADC_RegularChannelConfig(ADC3, ch, 1, ADC_SampleTime_239Cycles5 );
//ADC3,ADC 通道 CH,采样时间为 239.5 周期
  ADC_SoftwareStartConvCmd(ADC3, ENABLE);
//使能指定的 ADC3 的软件转换启动功能
  while(! ADC_GetFlagStatus(ADC3, ADC_FLAG_EOC ));      //等待转换结束
  return ADC_GetConversionValue(ADC3);   //返回最近一次 ADC3 规则组的转换结果
}
```

（4）工程测试

编写代码，编译无误后下载到单片机中，打开电脑的串口调试助手获取串口数据，可以接收到单片机发送的亮度值。效果如图 8.4 所示。

图 8.4　环境光照亮度检测效果

若未接收到数据，则可检查串口波特率是否与代码中设置的一致，或在代码中，在 ADC 配置的过程中是否漏掉了部分使能环节。

任务 2 按键调节台灯亮度

（1）任务说明

在任务 1 的基础上，利用光敏二极管检测小灯的亮度，小灯由两个按键控制，通过按键改变管脚输出的 PWM 信号占空比，进而改变小灯的亮度，同时获取光敏二极管两端电压，获取到亮度数据，并通过串口显示。

（2）管脚规划

小灯亮度增加按键为 PE0，减小按键为 PE1，LED 灯连接 PB0 （即用定时器 3 的 CH3 通道输出 PWM 信号），ADC 转换管脚与任务 1 的相同。

（3）程序设计

流程图如图 8.5 所示，代码主程序运行与上一任务相同。首先从主函数 main（）开始运行，先执行延时和 ADC 初始化，然后进入 while（1）循环，接着读取 ADC 管脚的模拟量值，并将得到的数值转化为亮度值，再利用串口发送函数将数据发送给电脑。发送完毕后，代码返回 while（1）起始位置，重新获取 ADC 管脚的模拟量。在循环过程中，单片机可以随时接受中断请求，当有按键按下时，单片机会暂停主程序，执行按键所触发的外部中断中的程序，增大或者减小 PWM 值的输入，改变灯的亮度。执行完毕后，继续回到主程序的 while（1）中。

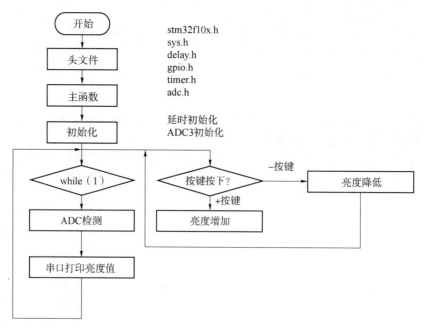

图 8.5 台灯亮度调节程序流程图

程序8.3：对按键调节台灯亮度的主函数 main.c 进行编写。

```c
#include "led.h"
#include "delay.h"
#include "key.h"
#include "sys.h"
#include "usart.h"
#include "adc.h"
#include "timer.h"
#include "exti.h"
//光敏连接管脚 PF8
//LED 接 B0
//A1 按键增加灯的亮度
//A2 按键降低灯的亮度
int i;
int main(void)
{
u8 t;
u32 temp_val;
    delay_init();                                      //延时函数初始化
    NVIC_PriorityGroupConfig(NVIC_PriorityGroup_2);    //设置中断优先级分组为组2
    uart_init(115200);                                 //串口初始化为 115 200
    LED_Init();                                        //初始化与 LED 连接的硬件接口
    Adc3_Init();                                       //初始化 ADC3
    TIM3_PWM_Init(1999,719);
    while(1)
    {
        for(t=0;t<LSENS_READ_TIMES;t++)
    {
        temp_val+=Get_Adc3(LSENS_ADC_CHX);             //读取 ADC 值,
//其中,LSENS_ADC_CHX 在 adc.h 中定义为 ADC_Channel_6
        delay_ms(5);
    }
    temp_val/=LSENS_READ_TIMES;                        //得到平均值
    printf("光强=%d\r\n",temp_val);
    }
}
```

程序8.4：对外部中断配置函数 exti.c 进行初始化设计，通过外部中断来检测按键是否按下。

```
#include "exti.h"
#include "key.h"
#include "delay.h"
#include "usart.h"
#include "timer.h"
#include "stm32f10x.h"
#include "stm32f10x_exti.h"
//外部中断0服务程序
extern int i;
void EXTIX_Init(void)
{
    EXTI_InitTypeDef EXTI_InitStructure;
    NVIC_InitTypeDef NVIC_InitStructure;
KEY_Init(); //按键端口初始化
    RCC_APB2PeriphClockCmd(RCC_APB2Periph_AFIO,ENABLE);    //使能复用功能时钟
//GPIOA0中断线以及中断初始化配置为上升沿触发
    GPIO_EXTILineConfig(GPIO_PortSourceGPIOA,GPIO_PinSource1);
    EXTI_InitStructure.EXTI_Line=EXTI_Line1;
    EXTI_InitStructure.EXTI_Mode = EXTI_Mode_Interrupt;
    EXTI_InitStructure.EXTI_Trigger =   EXTI_Trigger_Falling;
    EXTI_InitStructure.EXTI_LineCmd = ENABLE;
    EXTI_Init(&EXTI_InitStructure);  //根据EXTI_InitStruct中指定的参数初始化外设EXTI寄存器
    //GPIOA2中断线以及中断初始化配置为下降沿触发
//KEY1
    GPIO_EXTILineConfig(GPIO_PortSourceGPIOA,GPIO_PinSource2);
    EXTI_InitStructure.EXTI_Line=EXTI_Line2;
    EXTI_InitStructure.EXTI_Mode = EXTI_Mode_Interrupt;
    EXTI_InitStructure.EXTI_Trigger = EXTI_Trigger_Falling;
    EXTI_InitStructure.EXTI_LineCmd = ENABLE;
    EXTI_Init(&EXTI_InitStructure);  //根据EXTI_InitStruct中指定的参数初始化外设EXTI寄存器
    NVIC_InitStructure.NVIC_IRQChannel = EXTI1_IRQn;  //使能按键WK_UP所在的外部中断通道
    NVIC_InitStructure.NVIC_IRQChannelPreemptionPriority = 0x02; //抢占优先级2
    NVIC_InitStructure.NVIC_IRQChannelSubPriority = 0x03;        //子优先级3
    NVIC_InitStructure.NVIC_IRQChannelCmd = ENABLE;          //使能外部中断通道
    NVIC_Init(&NVIC_InitStructure);

    NVIC_InitStructure.NVIC_IRQChannel = EXTII_IRQn;  //使能按键KEY1所在的外部中断通道
    NVIC_InitStructure.NVIC_IRQChannelPreemptionPriority = 0x02; //抢占优先级2
    NVIC_InitStructure.NVIC_IRQChannelSubPriority = 0x01;        //子优先级1
    NVIC_InitStructure.NVIC_IRQChannelCmd = ENABLE;          //使能外部中断通道
    NVIC_Init(&NVIC_InitStructure); //根据NVIC_InitStruct中指定的参数初始化外设NVIC寄存器
}
```

```
void EXTI1_IRQHandler(void)
{
    delay_ms(10);//去抖动 S20
    i=i+300;
    if(i>2000)i=1999;
    EXTI_ClearITPendingBit(EXTI_Line1);    //清除 LINE1 上的中断标志位
}
void EXTI1_IRQHandler(void)
{
    delay_ms(10);                          //去抖动
    i=i-300;
    if(i<0)i=0;
    EXTI_ClearITPendingBit(EXTI_Line2);    //清除 LINE2 上的中断标志位
}
```

程序 8.5：对 PWM 输出配置函数 timer.c 进行配置。通过改变 PWM 值来改变灯亮暗程度。这里配置定时器 3 的通道 3。

```
#include "timer.h"
#include "delay.h"
//通用定时器 3 中断初始化
//这里时钟选择为 APB1 的 2 倍,而 APB1 为 36 MHz
//arr:自动重装值
//psc:时钟预分频数
//这里使用的是定时器 3

void TIM3_PWM_Init(u16 arr,u16 psc)
{
    GPIO_InitTypeDef GPIO_InitStructure;            //可以让它的 GPIO_InitStructure 实现调用
    TIM_TimeBaseInitTypeDef  TIM_TimeBaseStructure; /*设置 TIM3_CLK 为 72 MHz(即 TIM1 外
                                                      设挂在 APB2 上,把它的时钟打开)*/
    TIM_OCInitTypeDef  TIM_OCInitStructure;         //可以让它的 TIM_OCInitStructure 实现调用
    RCC_APB1PeriphClockCmd(RCC_APB1Periph_TIM3, ENABLE);
    RCC_APB2PeriphClockCmd(RCC_APB2Periph_GPIOB|RCC_APB2Periph_AFIO, ENABLE);
//使能 GPIO 外设时钟,使能复用功能
    GPIO_InitStructure.GPIO_Pin = GPIO_Pin_0;       //TIM_CH1,2,3,4
    GPIO_InitStructure.GPIO_Mode = GPIO_Mode_AF_PP; //复用推挽输出
    GPIO_InitStructure.GPIO_Speed = GPIO_Speed_50MHz;  //I/O 口速度为 50MHz
    GPIO_Init(GPIOB, &GPIO_InitStructure);

    TIM_TimeBaseStructure.TIM_Period = arr;         /*设置在下一个更新事件装入活动的自动重装
                                                      载寄存器周期的值*/
```

```
        TIM_TimeBaseStructure.TIM_Prescaler =psc;          /*设置用来作为 TIM3 时钟频率除数的预分
                                                              频值不分频*/
        TIM_TimeBaseStructure.TIM_ClockDivision = 0;        //设置时钟分割:TDTS = Tck_tim
        TIM_TimeBaseStructure.TIM_CounterMode = TIM_CounterMode_Up;  //TIM 向上计数模式
        TIM_TimeBaseInit(TIM3, &TIM_TimeBaseStructure);     /*根据 TIM_TimeBaseInitStruct 中指定的参
                                                              数初始化 TIM3 的时间基数单位*/
        TIM_OCInitStructure.TIM_OCMode = TIM_OCMode_PWM1;   /*选择定时器模式:TIM 脉冲宽度调
                                                              制模式 1 */
        TIM_OCInitStructure.TIM_OutputState = TIM_OutputState_Enable;  //比较输出使能
        TIM_OCInitStructure.TIM_Pulse =0;                   //设置待装入捕获比较寄存器的脉冲值
        TIM_OCInitStructure.TIM_OCPolarity = TIM_OCPolarity_High;  //输出极性:TIM1 输出比较极性高
        TIM_OC3Init(TIM3, &TIM_OCInitStructure);            /*CH3 根据 TIM_OCInitStruct 中指定的参数
                                                              初始化外设 TIM3 */
        TIM_CtrlPWMOutputs(TIM3,ENABLE);//MOE 主输出使能
        TIM_OC3PreloadConfig(TIM3, TIM_OCPreload_Enable);   //CH3 预装载使能
        TIM_ARRPreloadConfig(TIM3, ENABLE);                 //使能 TIM3 在 ARR 上的预装载寄存器
        TIM_Cmd(TIM3, ENABLE);                              //使能 TIM3
}
```

程序 8.6：对 ADC 配置函数 adc.c 进行配置。

```
#include "adc.h"
#include "delay.h"
#include "sys.h"
//初始化 ADC3
//这里仅以规则通道为例
//默认仅开启通道 6
void    Adc3_Init(void)
{
ADC_InitTypeDef ADC_InitStructure;
GPIO_InitTypeDef GPIO_InitStructure;
RCC_APB2PeriphClockCmd(RCC_APB2Periph_ADC3, ENABLE );      //使能 ADC3 通道时钟
    RCC_APB2PeriphClockCmd(RCC_APB2Periph_GPIOF,ENABLE);  //使能 PORTF 时钟
GPIO_InitStructure.GPIO_Pin = GPIO_Pin_8;                  //PF8 信号输入管脚
GPIO_InitStructure.GPIO_Mode = GPIO_Mode_AIN;             //模拟输入引脚
GPIO_Init(GPIOF, &GPIO_InitStructure);

    RCC_APB2PeriphResetCmd(RCC_APB2Periph_ADC3,ENABLE);  //ADC 复位
    RCC_APB2PeriphResetCmd(RCC_APB2Periph_ADC3,DISABLE); //复位结束
    ADC_DeInit(ADC3);  //复位 ADC3,将外设 ADC3 的全部寄存器重设为默认值
    ADC_InitStructure.ADC_Mode = ADC_Mode_Independent;    //ADC 工作模式:独立模式
    ADC_InitStructure.ADC_ScanConvMode = DISABLE;         //ADC 转换工作在单通道模式
```

```
ADC_InitStructure.ADC_ContinuousConvMode = DISABLE;        //ADC 转换工作在单次转换模式
ADC_InitStructure.ADC_ExternalTrigConv = ADC_ExternalTrigConv_None;  /* 转换由软件而不是
                                                                        外部触发启动 */
ADC_InitStructure.ADC_DataAlign = ADC_DataAlign_Right;      //ADC 数据右对齐
ADC_InitStructure.ADC_NbrOfChannel = 1;    //顺序进行规则转换的 ADC 通道的数目
ADC_Init(ADC3, &ADC_InitStructure); //根据 ADC_InitStruct 中指定的参数初始化外设 ADCx 的寄存器
ADC_Cmd(ADC3, ENABLE);                              //使能指定的 ADC3
ADC_ResetCalibration(ADC3);                         //使能复位校准
while(ADC_GetResetCalibrationStatus(ADC3));         //等待复位校准结束
ADC_StartCalibration(ADC3);                         //开启 AD 校准
while(ADC_GetCalibrationStatus(ADC3));              //等待校准结束
}
//获得 ADC3 某个通道的值
//CH:通道值 0~16
//返回值:转换结果
u16 Get_Adc3(u8 ch)
{
    //设置指定 ADC 的规则组通道、一个序列、采样时间
    ADC_RegularChannelConfig(ADC3, ch, 1, ADC_SampleTime_239Cycles5 );
//ADC3,ADC 通道 CH,采样时间为 239.5 周期
    ADC_SoftwareStartConvCmd(ADC3, ENABLE);
//使能指定的 ADC3 的软件转换启动功能
    while(! ADC_GetFlagStatus(ADC3, ADC_FLAG_EOC ));        //等待转换结束
    return ADC_GetConversionValue(ADC3);   //返回最近一次 ADC3 规则组的转换结果
}
```

（4）工程测试

编写程序，编译无错误后下载到单片机中，打开电脑的串口调试助手获取串口数据，可以看出获取的亮度值，通过按键控制小灯亮度后，获取的亮度值也随之变化。

按下增加亮度按键，亮度值增加，如图 8.6 所示。

按下降低亮度按键，亮度值降低，如图 8.7 所示。

图 8.6　增加亮度效果图

图 8.7　降低亮度效果图

任务 3   智能台灯

（1）任务说明

通过任务 2，改变 LED 灯亮度的控制代码，使其与光敏二极管进行联合控制，实现一个自动调亮台灯，即在光敏二极管检测到周围环境变暗后，增加 LED 灯亮度；反之，则降低 LED 灯亮度。

（2）管脚规划

与任务 2 相同。

（3）程序设计

流程图如图 8.8 所示，首先从主函数 main( ) 开始运行，先执行延时和 ADC 初始化，然后进入 while(1)循环，接着开始读取 ADC 管脚的模拟量值，并将得到的数值转化为亮度值，然后对亮度值进行判断，当亮度值变小时，增大台灯控制管脚的 PWM，使台灯变亮，反之，则减小 PWM，然后回到 while(1)起始位置重新执行。

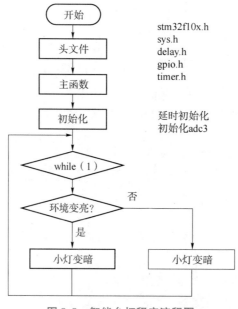

图 8.8   智能台灯程序流程图

程序 8.7：智能台灯的主函数 main. c。

```
#include "led.h"

#include "delay.h"

#include "key.h"

#include "sys.h"

#include "usart.h"

#include "adc.h"

#include "timer.h"

//光敏连接管脚 PF8
```

```
//LED 接 B0
  int main(void)
  {
    u32 adcx=0;
    delay_init();                                    //延时函数初始化
    NVIC_PriorityGroupConfig(NVIC_PriorityGroup_2);  //设置中断优先级分组为组 2
    uart_init(115200);                               //串口初始化为 115 200
    LED_Init();                                       //初始化与 LED 连接的硬件接口
    Adc3_Init();                                      //初始化 ADC3
    TIM3_PWM_Init(1999,719);
    while(1)
    {
      u32 temp_val=0;
      u8 t;
    for(t=0;t<LSENS_READ_TIMES;t++)
    {
      temp_val+=Get_Adc3(LSENS_ADC_CHX);            //读取 ADC 值
//    delay_ms(5);
    }
    temp_val/=LSENS_READ_TIMES;                      //得到平均值
    printf("光强=% d\r\n",temp_val);
    if(temp_val<4000&&temp_val>3000)
    {
TIM_SetCompare3(TIM3,3000);
    }
    elseif(temp_val<3000&&temp_val>2000)
    {
TIM_SetCompare3(TIM3,2000);
    }
    elseif(temp_val<2000&&temp_val>1000)
    {
TIM_SetCompare3(TIM3,1000);
    }
    elseif(temp_val<1000&&temp_val>500)
    {
TIM_SetCompare3(TIM3,500);
    }
    elseif(temp_val<500)
    {
TIM_SetCompare3(TIM3,0);
    }
    if(temp_val>4000)temp_val=4000;
    return   temp_val;
    }
}
```

程序 8.8：对 ADC 配置函数 adc.c 进行配置，目的是检测光敏二极管的电压，即所用单片机的 A/D 转换。

```
#include "adc.h"
#include "delay.h"
#include "sys.h"
//初始化 ADC3
//这里仅以规则通道为例
//默认仅开启通道 6
void   Adc3_Init(void)
{
ADC_InitTypeDef ADC_InitStructure;
GPIO_InitTypeDef GPIO_InitStructure;
RCC_APB2PeriphClockCmd(RCC_APB2Periph_ADC3, ENABLE );       //使能 ADC3 通道时钟
    RCC_APB2PeriphClockCmd(RCC_APB2Periph_GPIOF,ENABLE);    //使能 PORTF 时钟
GPIO_InitStructure.GPIO_Pin = GPIO_Pin_8;                   //PF8 信号输入管脚
GPIO_InitStructure.GPIO_Mode = GPIO_Mode_AIN;              //模拟输入引脚
GPIO_Init(GPIOF, &GPIO_InitStructure);

    RCC_APB2PeriphResetCmd(RCC_APB2Periph_ADC3,ENABLE);     //ADC 复位
    RCC_APB2PeriphResetCmd(RCC_APB2Periph_ADC3,DISABLE);    //复位结束
    ADC_DeInit(ADC3);   //复位 ADC3,将外设 ADC3 的全部寄存器重设为默认值
    ADC_InitStructure.ADC_Mode = ADC_Mode_Independent;      //ADC 工作模式：独立模式
    ADC_InitStructure.ADC_ScanConvMode = DISABLE;   //ADC 转换工作在单通道模式
    ADC_InitStructure.ADC_ContinuousConvMode = DISABLE;   //ADC 转换工作在单次转换模式
    ADC_InitStructure.ADC_ExternalTrigConv = ADC_ExternalTrigConv_None;   /*转换由软件而不是
                                              外部触发启动*/
    ADC_InitStructure.ADC_DataAlign = ADC_DataAlign_Right;      //ADC 数据右对齐
    ADC_InitStructure.ADC_NbrOfChannel = 1;   //顺序进行规则转换的 ADC 通道的数目
    ADC_Init(ADC3, &ADC_InitStructure);   /*根据 ADC_InitStruct 中指定的参数初始化外设 ADCx
                                     的寄存器*/
    ADC_Cmd(ADC3, ENABLE);                                  //使能指定的 ADC3
    ADC_ResetCalibration(ADC3);                             //使能复位校准
    while(ADC_GetResetCalibrationStatus(ADC3));             //等待复位校准结束
    ADC_StartCalibration(ADC3);                             //开启 ADC 校准
    while(ADC_GetCalibrationStatus(ADC3));                  //等待校准结束
}
//获得 ADC3 某个通道的值
//CH:通道值 0~16
//返回值:转换结果
u16 Get_Adc3(u8 ch)
{
    //设置指定 ADC 的规则组通道、一个序列、采样时间
```

```
    ADC_RegularChannelConfig(ADC3, ch, 1, ADC_SampleTime_239Cycles5 );
//ADC3,ADC 通道 CH,采样时间为 239.5 周期
    ADC_SoftwareStartConvCmd(ADC3, ENABLE);
//使能指定的 ADC3 的软件转换启动功能
    while(! ADC_GetFlagStatus(ADC3, ADC_FLAG_EOC ));   //等待转换结束
    return ADC_GetConversionValue(ADC3);       //返回最近一次 ADC3 规则组的转换结果
}
```

（4）工程测试

编写代码，编译无错误后下载到单片机中，上电运行后，用手盖住光敏二极管，使其周围环境亮度变暗，可以看到小灯亮度增加，用手电筒照射光敏二极管，可以看出小灯变暗。

打开电脑的串口调试助手，获取串口数据，可以接收到单片机发送的环境亮度值。

8.4　项目总结

①掌握设置传感器的基本参数的方法。
②掌握 STM32 单片机的 A/D 转换结构、编程方法，以及注意事项。
③掌握 STM32 单片机获取光敏二极管值的方法，并熟练规则通道的使用。

习　　题

1. 模拟量与数字量有什么区别？STM32 单片机是否可以直接处理模拟量？为什么？
2. 简要概述如何实现光电转换。
3. 什么是 ADC？STM32F10x 系列 ADC 有什么特点？
4. 简要概述 ADC 初始化配置需要哪些步骤。

项目 9　STM32CubeMX 使用介绍

STM32 HAL 固件库是 Hardware Abstraction Layer 的缩写，中文名称是硬件抽象层。HAL 库是 ST 公司为 STM32 的 MCU 最新推出的抽象层嵌入式软件，为更方便实现跨 STM32 产品的最大可移植性。相比于标准库，HAL 库抽象层次更高，硬件功能实现方式更规范、统一。ST 最终的目的是实现在 STM32 系列 MCU 之间无缝移植，甚至在其他 MCU 上也能实现快速移植。

现在 ST 公司升级和维护的主要就是 HAL 库和标准外设库，使用这两种库开发 STM32 各有各的好处。对于 STM32 的初学者，想要把硬件底层相关的东西弄清楚，建议使用经典的标准外设库来开发（先学习标准外设库，但有必要抽时间了解 STM32CubeMX）。标准外设库可以很简单、直接地跟踪到底层寄存器，而 HAL 库里面的代码想要跟踪并理解底层则有一定难度。对于熟练使用标准外设库的人，有必要学习并使用 STM32CubeMX 配合 HAL 库来开发程序。

从 2016 年开始，随着 HAL 库的不断完善，ST 公司逐渐停止了对标准固件库的更新，转而进行 HAL 库和 Low-Layer 底层库的更新。停止标准库更新，也就表示以后使用 STM32CubeMX 配置 HAL/LL 库是主流开发方法。在 HAL 库推出的同时，也加入了很多第三方的中间件，有 RTOS、USB、TCP/IP 和图形等。

STM32CubeMX 是近年来进行 STM32 开发比较流行的工具，这个工具到现在已经有多个版本了，功能也越来越强大了。

9.1　STM32CubeMX 简介

9.1.1　STM32CubeMX 官方介绍

STM32CubeMX 是一种图形化工具，允许非常简单地配置 STM32 微控制器（micro controller）和微处理器（micro processor），以及通过逐步（step-by-step）为 Arm Cortex-M 内核生成相应的初始化 C 代码，或为 Arm Cortex-A 内核生成部分 Linux 设备树（partial Linux Device Tree）。

第一步包括选择以下内容：STM32 微控制器、微处理器或与所需的外围设备相匹配的开发平台、在特定开发平台上运行的示例。

对于微处理器，第二步允许为整个系统配置 GPIO 和时钟，并以交互方式将外围设备分配给 Arm Cortex-M 或 Cortex A。特定的实用程序（如 DDR 配置和调优）使得使用 STM32 微处理器入门变得容易。对于 Cortex-M 内核，还包括与微控制器完全相似的附加配置步骤。对于微控制器和微处理器，第二步是通过引脚冲突解决程序、时钟树设置帮助器、功耗计算器、配置外围设备（如 GPIO 或 USART）、中间件堆栈（如 USB 或 TCP/IP）的实用程序来配置每个所需的嵌入式软件。

借助增强的 STM32Cube 扩展包，可以扩展默认软件和中间件堆栈。ST Microelectronics 或 ST Microelectronics 合作伙伴的软件包可直接从 STM32CubeMX 内的专用软件包管理器下载，而其他软件包可从本地驱动器安装。

此外，STM32CubeMX 中的一个独特实用程序 STM32PackCreator 将帮助开发人员构建自己的增强型 STM32Cube 扩展包。

最后，用户启动与所选配置选项匹配的代码生成。此步骤提供了 Arm Cortex-M 的初始化 C 代码，可以在多个开发环境中使用，也可以为 Arm Cortex-A 提供部分 Linux 设备树。

所有功能包括：

①器件选型：直观的 STM32 微控制器和微处理器选型功能。

②丰富易用的图形用户界面，允许配置：

- 引脚分配，具有自动冲突解决功能。
- 具有 Arm Cortex-M 内核参数约束动态验证的外围设备和中间件功能模式。
- 时钟树配置，并可动态验证。
- 估计消耗功率。

③生成用于 Arm Cortex-M 内核，符合 IAR、Keil 和 STM32CubeIDE（GCC 编译器）的初始化 C 代码项目。

④为 Arm Cortex-A 内核（STM32 微处理器）生成部分 Linux 设备树。

⑤借助 STM32PackCreator，开发增强型 STM32Cube 扩展包。

⑥将 STM32Cube 扩展包集成到项目中。

⑦作为独立软件运行在 Windows、Linux、MacOS 操作系统和 64 位 Java 运行时环境（Java Runtime Environment，JRE）上。

9.1.2　STM32CubeMX 的特点与用途

STM32CubeMX 集成了一个全面的软件平台，支持 STM32 每一个系列的 MCU 开发。这个平台包括 STM32Cube HAL（STM32 的硬件抽象层 API，确保 STM32 系列最大的移植性），再加上兼容的中间件（RTOS、USB、TCP/IP 等），所有内嵌软件组件附带了全套例程。

STM32CubeMX 是 ST 公司的原创工具，是 ST 公司近几年来大力推荐的 STM32 芯片图形化配置工具，目的就是方便开发者，允许用户使用图形化向导生成 C 初始化代码和项目框

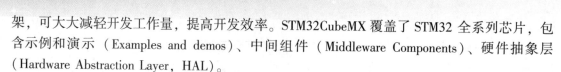

架，可大大减轻开发工作量，提高开发效率。STM32CubeMX 覆盖了 STM32 全系列芯片，包含示例和演示（Examples and demos）、中间组件（Middleware Components）、硬件抽象层（Hardware Abstraction Layer，HAL）。

在 STM32CubeMX 上，通过简便的操作便能实现相关配置，所见即所得，最终能够生成 C 语言代码，支持多种工具链，比如 MDK、IAR For ARM、TrueStudio 等，节省了配置各种外设的时间。

总之，STM32CubeMX 的作用主要是：

①芯片选型：依据不同的标准选择要使用的芯片，新建 Cube MX 项目。

②功能配置：功能模块、引脚、时钟、项目的配置。

③代码生成：根据使用的 IDE，生成对应的项目框架代码。

接下来将围绕这三个主要功能进行详细讲解。

9.2　STM32CubeMX 的安装

9.2.1　前提条件

由于 STM32CubeMX 软件是基于 JRE 的，所以需要安装 JRE 才能使用。（编者注：考虑到一般开发者的电脑中都会有 JRE，本书不再着墨于 JRE 的安装，有需要的读者可自行百度。）

9.2.2　获取 STM32CubeMX 安装包

STM32CubeMX 安装包最主要的获取途径是 STM32CubeMX 官方主页：https://www.st.com/zh/development-tools/stm32cubemx.html#overview。

ST 官方网站需要 ST 账号登录成功才能下载资料或文档，可免费注册、登录、下载。此外，由于 STM32CubeMX 是免费使用的软件，读者也可从其他渠道获取 STM32CubeMX 安装包。

获得的 STM32CubeMX 安装包是压缩包的形式，压缩包中包括如图 9.1 所示内容。

SetupSTM32CubeMX-6.0.1.app	66,302	26,846	文件夹	2021/3/1 19:23	
Readme.html	6,526	2,175	SLBrowser HTML ...	2020/8/10 22:...	8FF50632
SetupSTM32CubeMX-6.0.1.exe	241,179,584	240,265,311	应用程序	2020/8/14 2:51	00650E8A

图 9.1　STM32CubeMX 安装包内容

9.2.3　STM32CubeMX 的安装过程

接下来以 STM32CubeMX 的 V6.0.1 版本为例简述其在 Windows 系统中的安装过程。

①解压下载的压缩包。

②双击"SetupSTM32CubeMX-6.0.1.exe"（有管理员限制时，在 SetupSTM32Cube MX-6.0.1.exe 图标上单击右键，选择"以管理员身份运行"）。

安装 STM32CubeMX 的过程与其他软件类似，此处不再赘述。

9.3　STM32CubeMX 的使用

目前 STM32CubeMX 是纯英文界面，需要使用者具有一定的英语基础。截至 2021 年 8 月底，STM32CubeMX 最新版为 6.3.0，以下都以该版本为例进行讲解。

9.3.1　启动与主界面

双击桌面快捷方式 ，或从"开始"菜单启动 STM32CubeMX，启动过程中出现如图 9.2 所示画面。

图 9.2　STM32CubeMX 启动过程画面

启动后，主界面如图 9.3 所示。

可见 STM32CubeMX 界面清爽，布局明确，简明扼要。主界面包括顶部左侧的菜单栏，可进行本软件的主要操作；左部的"Existing Projects"（已有项目）、"New Project"（新项目）部分，可打开已有项目或创建新项目；右部的软件安装管理（Manage software installation）部分，可进行 STM32CubeMX 和相关嵌入式软件包的更新、安装、删除；右下部有"About STM32"（关于 STM32）和"External Tools"（外部工具）部分；顶部右侧还有 ST 公司社交平台（如 Facebook、YouTube、Twitter）、ST 社区论坛、ST 主页的链接，可直接单击进入。

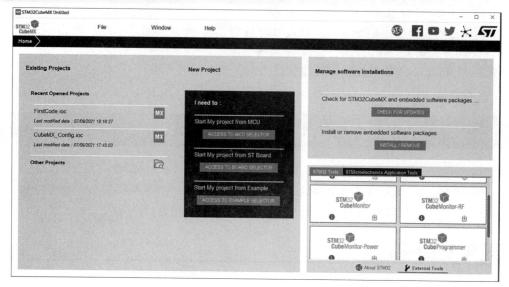

图9.3　STM32CubeMX 主界面

1. 主菜单

菜单栏共三个菜单，包括 File、Window、Help。"File"菜单与其他常用 IDE 类似，包括"New Project"（新建项目）、"Load Project"（加载项目）、"Import Project"（导入项目）、"Save Project"（保存项目）、"Close Project"（关闭项目）、"Recent Projects"（最近的项目）等，单击菜单即可执行相应操作，如图9.4所示。

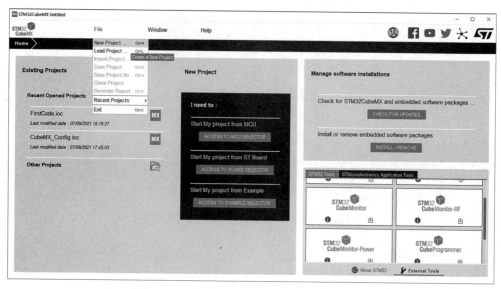

图9.4　"File"菜单

"Help"菜单中主要包括"Help"（帮助）、"About"（关于）、"Docs & Resources"（文档与资源）、"Tutorial Videos"（辅导视频）、"Refresh Data"（刷新数据）、"Check for Updates"（检查更新）、"Manage embedded software packages"（管理嵌入式软件包）、"Updater Settings"（更新器设置），如图9.5所示。

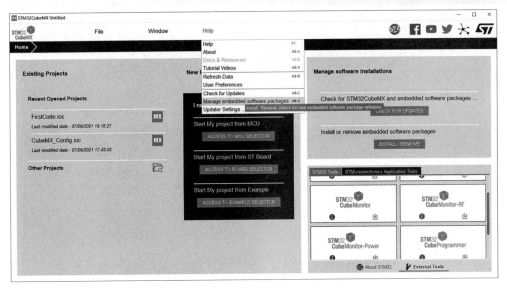

图 9.5　"Help" 菜单

在 "Help" 菜单下单击 "Check for Updates" 或按 Alt+C 组合键，弹出 "Check Update Manager"（检查更新管理器）界面。在 "Check Update Manager" 界面，单击 "Refresh" 按钮，可检测最新版本，如有新版本的 STM32CubeMX，可单击 "Install Now" 按钮进行安装，如图 9.6 所示。（编者注：电脑须能正常上网。）

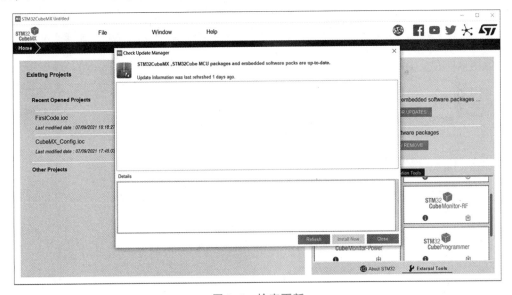

图 9.6　检查更新

在 "Help" 菜单下单击 "Manage embedded software packages" 或按下 Alt+U 组合键，弹出 "Embedded Software Packages Manager"（嵌入式软件包管理器）界面。在 "Embedded Software Packages Manager" 界面中，单击 "Refresh" 按钮，可检测软件包最新版本。如有新版本软件包，可先选中再单击 "Install Now" 按钮进行安装。也可先选中某个已安装的软件包，再单击 "Remove Now" 按钮删除之，如图 9.7 所示。

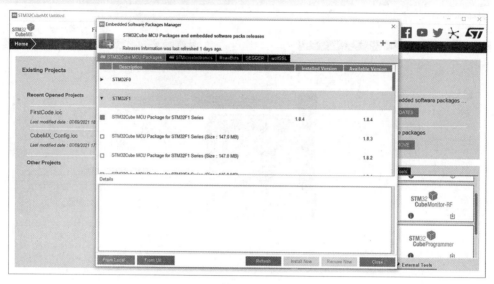

图 9.7　管理嵌入式软件包

在"Embedded Software Packages Manager"中，有多个 Tab 页，如"STM32Cube MCU Packages""ST Microelectronics"等。默认打开的是"STM32Cube MCU Packages"页，也就是单片机开发需要的 HAL 库软件包。图 9.7 所示是选中 STM32F1 系列单片机的 HAL 库软件包的情况。开发者可根据自己要开发的单片机型号管理（安装、升级、删除）相应的软件包。"ST Microelectronics"页是 ST 公司提供的其他软件包或工具，包括 AI、BLE、NFC 等。图 9.8 中，选中的是 ST 公司出品的 TouchGFX Generator，该工具是用于进行 TouchGFX 开发的。

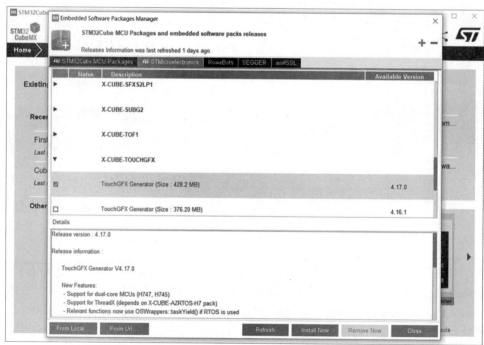

图 9.8　STM32CubeMX 界面——软件包与 ST 工具

关于 TouchGFX，值得了解学习，建议读者访问 ST 公司官网或上网查询学习，本书不再展开讲解。

2. 项目（Project）相关

如图 9.9 所示，单击主界面左部的 "Existing Projects"（已有项目）、"New Project"（新项目）部分，可打开已有项目或创建新项目。在 "Existing Projects" 下部有 "Recent Opened Projects"（最近打开的项目）列表，列举了最近打开过的 STM32CubeMX 项目，可直接单击打开相应项目。在 "New Project" 下部有 "ACCESS TO MCU SELECTOR" "ACCESS TO BOARD SELECTOR" "ACCESS TO EXAMPLE SELECTOR" 三个按钮，单击按钮即可用不同的方式创建 STM32CubeMX 项目。

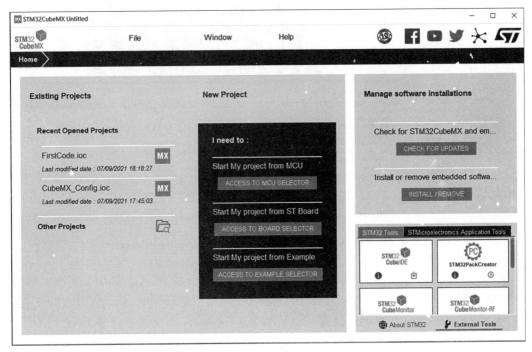

图 9.9　STM32CubeMX 界面——软件包与 ST 工具

创建项目的具体过程，详见本章下一小节。

3. 帮助和外部工具

在主界面的 "About STM32"（关于 STM32）部分，可链接到在线帮助；在 "External Tools"（外部工具）部分，可看到 ST 公司出品的其他 STM32 工具（如 STM32 Cube IDE），可查看工具的简介或直接下载。

9.3.2　创建 CubeMX 项目

有两种方法可以创建 STM32CubeMX 项目：

方法 1：单击主菜单 "File" → "New Project…" 或按 Ctrl+N 组合键。

方法 2：在主界面 "New Project" 区域，单击 "ACCESS TO MCU SELECTOR" 或 "AC-

CESS TO BOARD SELECTOR"或"ACCESS TO EXAMPLE SELECTOR"按钮。区别在于"ACCESS TO MCU SELECTOR"是按单片机型号创建,"ACCESS TO BOARD SELECTOR"是按开发板型号创建,"ACCESS TO EXAMPLE SELECTOR"是按例程创建。

上述两种操作均可弹出如图 9.10 所示的"New Project"(新建项目)界面。

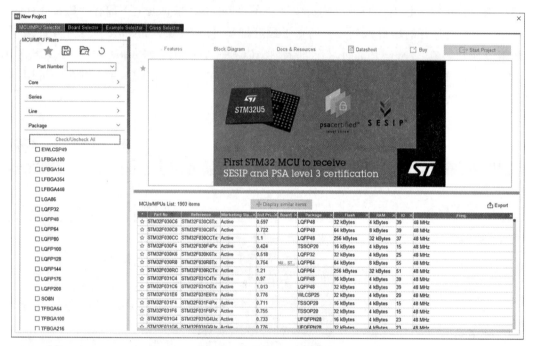

图 9.10　STM32CubeMX 界面——新建项目（New Project）

由图 9.10 可见,"New Project"(新建项目)界面主要包括一个 Tab View,其中有"MCU/MPU Selector"(微控制器/微处理器选择器)页、"Board Selector"(开发板选择器)页、"Example Selector"(案例选择器)页、"Cross Selector"(交叉选择器)页。用户可在各 Tab 页按不同的方式创建新项目。每个 Tab 页都是左右布局,左侧是筛选器(Filters),右侧上部为被选中项目(芯片、开发板或案例)的资料,右侧下部为候选项目列表(List)。在筛选器部分输入筛选条件或选择时,项目列表部分会列出相应结果。可见 STM32CubeMX 功能全面,做得非常用心。

1. 按芯片型号新建项目

按芯片型号新建项目,是实际工作中最常用的方式。

从"MCU/MPU Selector"页面右下部型号列表可见,STM32 单片机/微处理器(MCU/MPU)的型号接近 2 000 种(目前是 1 903 种)。对于对 STM32 单片机了解不多,或实际工程经验不足的初学者,在几千种单片机里选型必定会茫然无措,费时费力,甚至徒劳无功。有了 STM32CubeMX 的辅助,这一过程以可视化的直观方式进行,简捷高效,事半功倍。

可在筛选器的"Part Number"部分直接输入芯片型号,右侧列表将实时显示检索到的芯片,如图 9.11 所示。

也可按"Core"(内核)、"Series"(芯片系列)、"Line"(产品线)、"Packages"(封装)、"Other"("其他")、"Peripheral"(外设)这些不同的条件进行筛选,见表 9.1。

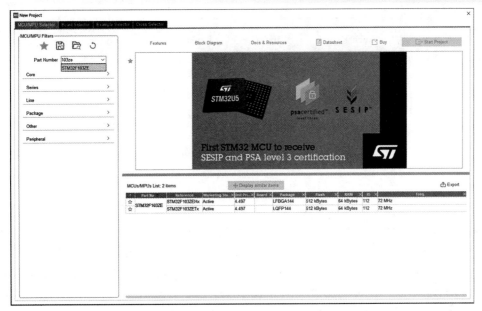

图 9.11　STM32CubeMX 界面——芯片选型 A

表 9.1　芯片筛选条件及说明

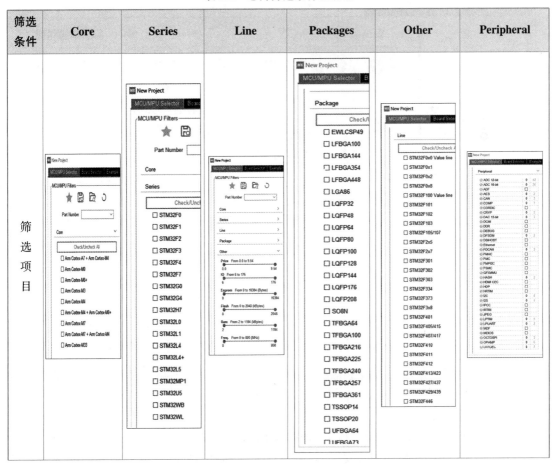

续表

筛选条件	Core	Series	Line	Packages	Other	Peripheral
说明				主要条件:常用封装有BGA和LQFP两大类。大部分开发板采用LQFP封装	主要条件:芯片的型号、I/O口数目、存储容量、主频	主要条件:根据工程需求,确定芯片的功能模块、接口类型

"Part Number"部分输入的内容和上述筛选条件共同组合,可帮助使用者快速选定芯片型号,大大提高了筛选成功率、缩减了芯片选型的时间、加快了项目进度。

本书以 STM32F103ZET6 为例进行讲解,因此,直接在"Part Number"部分输入"STM32F103ZE"后,在右侧选中"STM32F103ZETx",即可在右侧上部显示出该芯片的特点(Features)简介。可单击"Block Diagram"(模块框图)查看该芯片的组成框图;也可单击"Docs & Resources"(文档与资源)查看文档、手册、应用指南等,如图9.12所示。

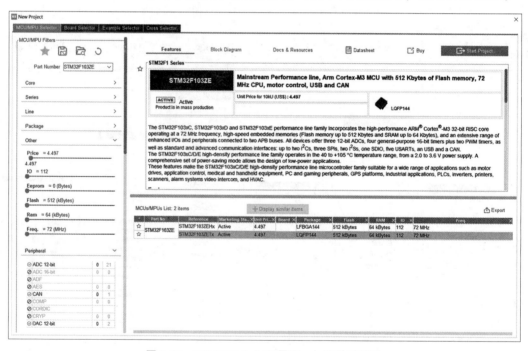

图 9.12   STM32CubeMX 界面——芯片选型 B

选好芯片之后,单击"Start Project"按钮(启动项目)即可进入配置项目界面,如图9.13所示。

2. 按开发板新建项目

与按芯片型号新建项目类似,可按使用的开发板来创建。

目前只支持ST公司出品的开发板,具有一定的局限性。此外,由于ST公司的开发板在国内使用得不太普遍，并且大部分实际的工程项目不会采用开发板作为核心板卡进行开发，因此绝大多数情况下都是按芯片型号新建项目。

关于按开发板新建项目的方法步骤，本小节不再详述。

3. 按案例新建项目

与按芯片型号新建项目类似，可基于案例和开发板新建项目。根据要实现的功能，基于案例创建的项目可用于开发者学习参考、借鉴。目前只支持 ST 公司出品的开发板，因此具有一定的局限性。

关于按案例新建项目的方法步骤，本小节不再详述。

9.3.3 配置 CubeMX 项目

成功新建 CubeMX 项目后，即可进行相关配置、管理，包括引脚分配和功能模块配置、时钟配置、项目管理。

由图 9.13 可见，项目配置界面主体部分是一个 Tab View，其中有"Pinout & Configuration"（引脚分配与配置）页、"Clock Configuration"（时钟配置）页、"Project Manager"（项目管理器）页、"Tools"（工具）页。默认打开"Pinout & Configuration"页面。

图 9.13 STM32CubeMX 界面——配置新项目

接下来具体讲解各配置页。

1. "Pinout & Configuration"（引脚分配与配置）页

本部分界面是左右布局，左侧为待配置的功能模块或接口，右侧为"Pinout view"（引脚分配视图）和"System view"（系统视图），默认为"Pinout view"。"Pinout view"视图可直接用鼠标按键拖放，也可用鼠标滚轮缩放，便于观察细节。在左侧进行配置时，右侧

"Pinout view"视图上相应的引脚会发生改变。

根据开发者的需要，可按"Categories"（类别）或字母顺序（A→Z）选择配置内容。按字母顺序（A→Z）便于开发者快速检索定位要配置的内容，采用较多。

在"Categories"部分，可按"System Core"（系统核心）、"Analog"（模拟）、"Timers"（定时器）、"Connectivity"（连接性）、"Multimedia"（多媒体）、"Computing"（计算）、"Middleware"（中间件）的类别进行配置。具体分类如图9.14所示。

对于熟练的开发者，一般都按字母顺序（A→Z）进行检索配置，如图9.15所示。

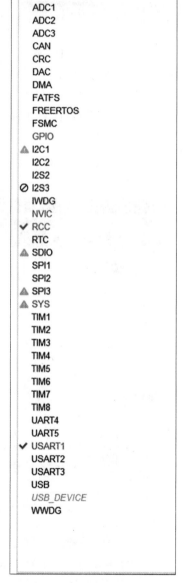

图9.14 "Categories"内容　　　　图9.15 A→Z内容

实际配置时，开发者要了解相应模块的原理、组成、参数等，结合工程项目的需求进行。具体模块的配置方法，将在后文中介绍相应功能时详细讲解。接下来以"SYS"部分为例简述。

为了能够调试单片机程序，要配置"SYS"部分。考虑到串行接口低成本、便于实现的特点，一般的开发板和工程项目都会采用串行调试接口，因此选择"Serial Wire"（串行线）即可满足需求，如图9.16所示。

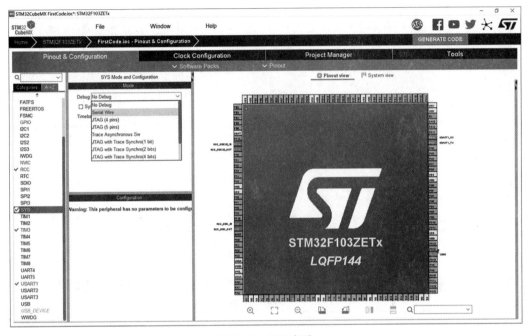

图9.16   SYS部分

2. "Clock Configuration"（时钟配置）页

首先要理解"时钟树"的概念。顾名思义，"时钟树"从左至右，从源头到末端，形成树状，各模块的时钟来源、去向清晰明了。

如图9.17所示的时钟树，带下拉箭头的矩形框是可选列表，可选择分频比（如/2）或倍频比（如×2）；边框为蓝色的矩形框是可编辑的，可直接在框里输入希望的频率，然后STM32CubeMX会自动进行时钟匹配。如果某个频率数值超限，该文本框会变为紫红色。可以单击时钟树上方的"Resolve Clock Issues"按钮来解决时钟冲突、超限问题。由此可见，使用STM32CubeMX配置时钟，简洁明了，快捷高效。

以STM32F103ZET6为例，其时钟树如图9.17所示。

可见，STM32F103ZET6的时钟树相对简单，一目了然。而STM32F429、STM32F743、STM32H750等目前常用单片机的时钟树更加复杂。如果没有STM32CubeMX这样的配置工具，仅仅是时钟树就会让初学者如坠云里雾里，只见树木不见森林，而对如何配置时钟，将更是一头雾水。

STM32H750XBHx的时钟树（部分）如图9.18所示。

其次要理解关于时钟源的几个缩写：LSI、HSI、LSE、HSE。其中，S代表Speed，L代表Low，H代表High，I代表Internal，E代表External。因此，LSI即Low Speed Internal（低速内部），HSI即High Speed Internal（高速内部），LSE即Low Speed External（低速外部），HSE即High Speed External（高速外部）。

STM32单片机编程开发实战

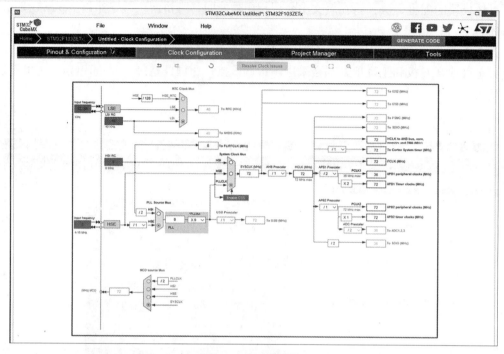

图 9.17　时钟配置

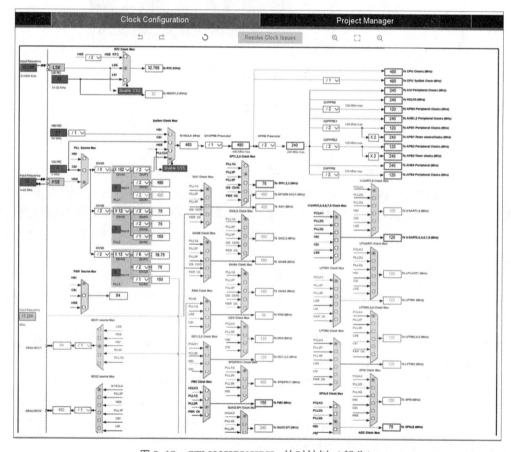

图 9.18　STM32H750XBHx 的时钟树（部分）

特别要说明的是，如要在时钟树中选择 LSE 或 HSE，须先在"Pinout & Configuration"页面配置 RCC（Reset and Clock Controller，复位与时钟控制器）选项。可选项有"BYPASS Clock Source"（旁路时钟源）和"Crystal/Ceramic Resonator"（晶体/陶瓷谐振器）。

实际工程中，单片机外部一般都有晶振，因此选中"Crystal/Ceramic Resonator"即可，如图 9.19 所示。

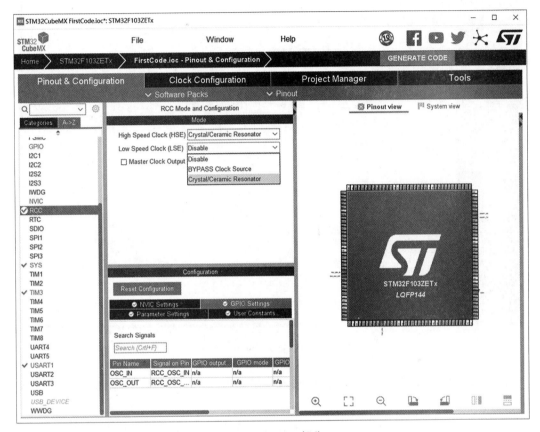

图 9.19　RCC 部分

配置时钟时，一般只要设定 HCLK（MHz）框里的频率（即单片机的主频）数值，STM32CubeMX 就会自动进行时钟匹配，无须开发者再劳神费力。

3. "Project Manager"（项目管理器）页

界面中纵向的"Tab view"包括"Project"（项目）、"Code Generator"（代码生成器）、"Advanced Settings"（高级设置）三个 Tab 页，可通过单击切换，如图 9.20 所示。

（1）"Project"页面

"Project"页面包括"Project Settings"（项目设置）、"Linker Settings"（链接器设置）、"Thread-safe Settings"（线程安全设置）、"MCU and Firmware Settings"（单片机与固件包）。主要配置的是"Project Settings"部分，其余部分一般采用默认值即可。

在"Project Settings"部分包括"Project Name"（项目名）、"Project Location"（项目位置）、"Application Structure"（程序结构）、"Toolchain Folder Location"（工具链文件夹位置）、"Toolchain/IDE"（工具链/IDE）及"Min Version"（最低版本）。

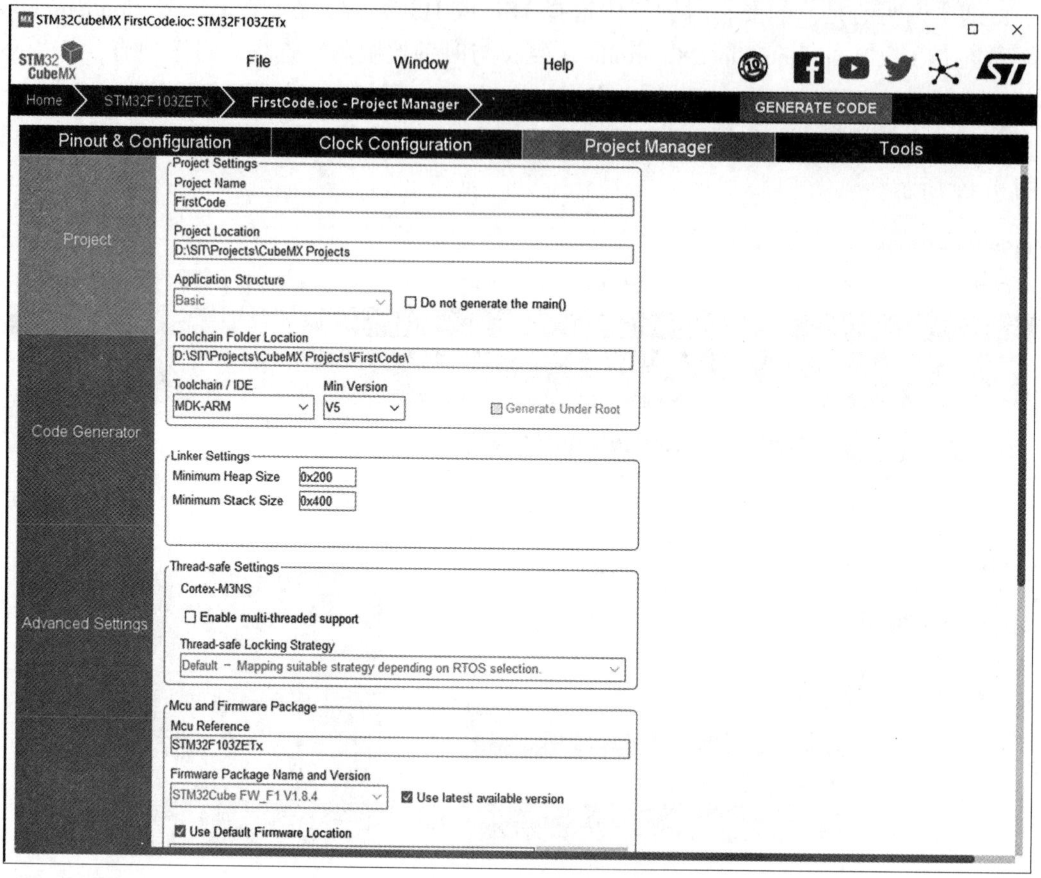

图 9.20　Project Manager 界面

可在"Project Name"下的文本框中输入项目名称，在"Project Location"下的文本框中输入项目位置。

"Application Structure"（程序结构）部分，可选"Advanced"（高级）和"Basic"（基本）。如选择 Advanced，会在 CubeMX 项目路径下生成一个名为 Core 的文件夹，其中包括头文件夹（Inc）和代码文件夹（Src），具体的代码文件在 Src 文件夹里；如选择 Basic，Inc 和 Src 文件夹将直接放在 CubeMX 项目的根目录中。一般选择 Basic 即可。

对于"Do not generate the main()"复选框，如不选中，STM32CubeMX 将生成程序的 main() 函数，该函数中有硬件初始化代码和主循环代码，用户可在这些代码基础上添加自己的代码，实现项目功能；如选中，STM32CubeMX 将生成程序的 main() 函数，需要用户自行编写。一般不选中。

"Toolchain Folder Location"（工具链文件夹位置）部分，用于指定所用到的库/软件包的保存位置。默认保存在 Cube MX 项目路径下，因此一般不用特别设置，采用默认值即可。

"Toolchain/IDE"（工具链/IDE）及其"Min Version"（最低版本）部分，用于指定进行单片机项目后续开发使用的 IDE 及其最低版本，如图 9.21 所示。

由图 9.21 可见，列表中有 EWARM、MDK-ARM、STM32CubeIDE 等 IDE。STM32CubeIDE 是 ST 公司推出的一站式 IDE，也是其推荐使用的现代化开发平台，建议读者学习使用。

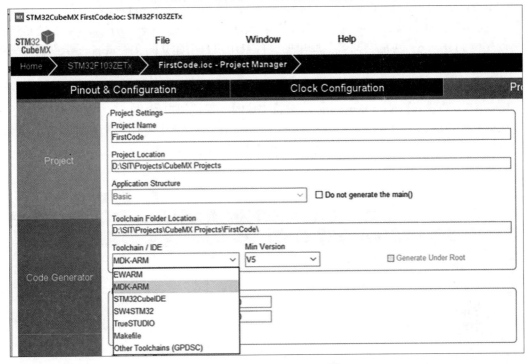

图 9.21　Toolchain/IDE 列表

说明：关于 Keil 和 MDK-ARM 的关系，读者可自行查阅相关资料。为免混淆，本书后续都用 Keil 来代表 MDK-ARM。

考虑到 Keil 软件历史悠久，使用得比较普遍，此处选择"MDK-ARM"（即 Keil），本书后续也将以生成 Keil 项目为例进行讲解。

（2）"Code Generator"页面

本部分主要介绍一些与生成代码有关的选项。

① "STM32Cube MCU packages and embedded software packs"部分。

本部分选项有：

Copy all used libraries into the project folder：将所有用到的库复制至项目文件夹。

Copy only the necessary library files：只复制需要的库文件。

Add necessary library files as reference in the toolchain project configuration file：将需要的库文件以引用方式添加到项目配置文件中。

第一项会将所有用到的库复制到项目文件夹下（也就是"Toolchain Folder Location"指定的位置），内容较全，但项目文件夹体积会增加几百 MB，不便于保存、传递。第三项只把用到的库文件的引用（链接）添加到项目配置文件中，项目文件夹体积最小，但一旦开发者将项目文件夹复制到其他电脑上，这些引用就可能失效，导致项目无法编译。第二项则介于这两者之间，只把需要的库文件复制至项目文件夹，因此一般都选择第二项"Copy only the necessary library files"。

② "Generated files"部分。

"Generated files"部分的选项有：

Generate peripheral initialization as a pair of ". c/. h" files per peripheral：为每个外设生成一对 ". c/. h" 初始化文件。如选中，好处是各模块代码独立，逻辑清晰；不足之处是生成的文件（例如 uart. c）可能会与其他库里的文件或用户自己建立的文件重名，导致编译失败乃至功能错误。

Backup previously generated files when re-generating：重新生成时，备份以前生成的文件。

Keep User Code when re-generating：重新生成时，保留用户代码。

Delete previously generated files when not re-generated：不重新生成时，删除以前生成的文件。开发者可根据需要选择。一般选中最后两项即可，如图 9.22 所示。

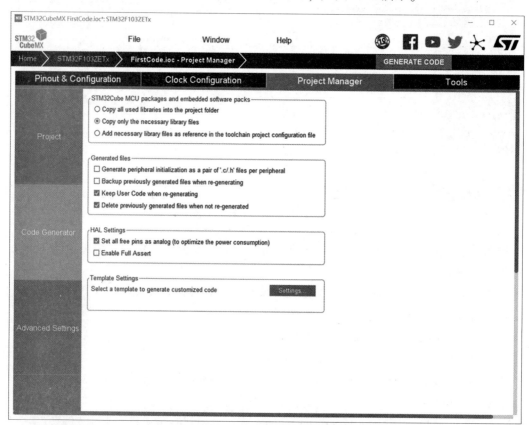

图 9.22 Code Generator 界面

③ "HAL Settings" 部分。

本部分选项有：

Set all free pins as analog（to optimize the power consumption）：将所有空闲引脚设置为模拟量模式，以优化能耗。简言之，就是 STM32CubeMX 自动把不使用的引脚都设为 "GPIO_Analog" 模式，以便降低功耗，提高可靠性。一般默认选中。

Enable Full Assert：使能完全断言。程序一般分为 Debug 版和 Release 版，Debug 版用于内部调试，Release 版发行给用户使用。断言 Assert 是仅在 Debug 版本起作用的宏，它用于检查"不应该"发生的情况。在运行过程中，如果 Assert 的参数错误、超限，程序就会中止（一般还会出现提示对话，说明在什么地方引发了 Assert）。这是一种常见的软件技术，可在调试阶段快速排除明显的错误。在调试阶段，牺牲了程序的运行效率，但却提高了项目的开发效率。

9.3.4　生成 IDE 项目

1. 生成 Keil 项目

成功生成项目后，弹出"Code Generation"对话框，用户可以单击"Open Folder"（打开文件夹）、"Open Project"（打开项目）或"Close"（关闭）按钮，如图 9.23 所示。

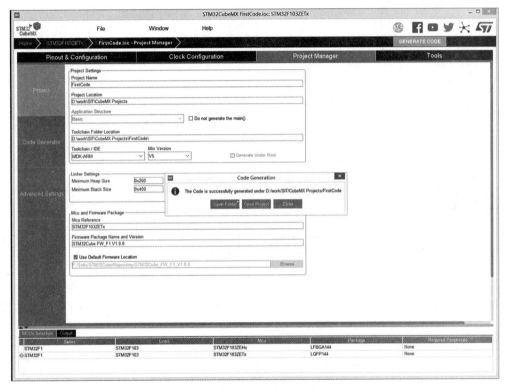

图 9.23　成功生成代码

单击"Open Folder"按钮后，直接在文件浏览器中打开已生成项目的文件夹，可看到 STM32CubeMX 生成的各个文件夹和文件。其中，MDK-ARM 就是 Keil 项目文件夹。单击进去之后，即可打开 Keil 项目，以便继续添加功能代码、编译、下载、调试等，如图 9.24 所示。

名称	修改日期	类型
Drivers	2021/8/31 8:04	文件夹
Inc	2021/9/25 9:52	文件夹
MDK-ARM	2021/9/25 15:25	文件夹
Src	2021/9/25 11:48	文件夹
.mxproject	2021/9/25 9:52	MXPROJECT 文件
FirstCode.ioc	2021/9/25 10:00	STM32CubeMX

图 9.24　CubeMX 项目文件夹

单击"Open Project"按钮后，直接打开要进行实际开发的 IDE 项目，如 Keil 项目，以便进入编码、调试等步骤，如图 9.25 所示。

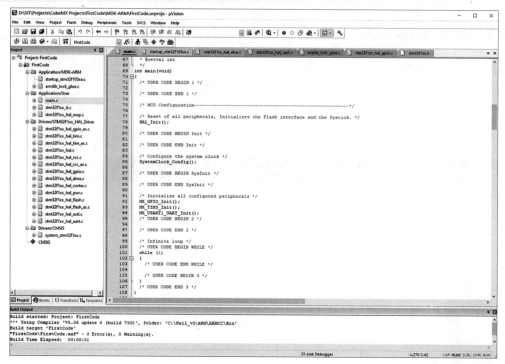

图 9.25　Keil 项目界面

　　但需注意的是，只能在/＊ USER CODE BEGIN xxx ＊/和/＊ USER CODE END xxx ＊/之间添加自己的代码。这样在 STM32CubeMX 中修改了硬件配置并重新生成项目时，自己的代码不受影响。这也是 STM32CubeMX 的优点之一。

　　2. Keil 项目简述

　　首先，读者一定要理解项目中文件的逻辑位置与物理位置（即实际保存位置）的关系。逻辑位置就是 IDE 项目结构里文件所在的分组（Group），物理位置就是该文件实际保存在哪个路径下。例如，某班（项目）学生（文件）的名字在班级名册（逻辑位置）里，其实际住在某某宿舍（物理位置）。对于程序开发，一般逻辑位置和物理位置对应起来较好，便于理解和进行文件管理。

　　由图 9.25 可见，上一节生成的 Keil 项目里，包括 Application/MDK-ARM、Application/User、Drivers/STM32F1xx_HAL_Driver、Drivers/CMSIS 几个 Group。

　　主要代码在 Application/User 分组中。其中，main.c 是主文件，开发者可以把主要逻辑写在该文件中。

　　stm32f1xx_hal_msp.c 文件是 STM32CubeMX 根据开发者的配置生成的，包括单片机硬件模块的底层配置代码，供初始化硬件时自动调用。stm32f1xx_it.c 文件也是 STM32CubeMX 根据开发者的配置生成的，包括中断回调函数。这两个文件中，开发者可添加自己的代码，但一般常规开发中无须添加。

　　Application/MDK-ARM 分组里主要是单片机启动用的汇编代码文件。Drivers/STM32F1xx_HAL_Driver 分组里是本项目涉及的 HAL 库源文件，Drivers/CMSIS 分组里是标准库源文件。这几个分组，开发者无须更改。

参 考 文 献

［1］ 李蒙. 基于 STM32 单片机的实验教学系统 ［M］. 浙江：天津大学出版社，2008.

［2］ 王延年. STM32F407 的固定式读写器系统研究与设计 ［D］. 兰州：兰州交通大学，2016.

［3］ 胡进德. 单片机 STM32F103C8T6 的红外遥控器解码系统设计 ［J］. 单片机与嵌入式系统应用，2019，19（10）：78-81+85.

［4］ 谢永超. 基于 STM32 的"模块化"电子技术综合创新平台的设计与实现 ［J］. 计算机测量与控制，2020，28（11）：256-259+276.

［5］ 翁子彬，丁蔚，彭佳丽. 基于 STM32F103 的一种通用 MCU 编程器 ［J］. 电子与封装，2020，20（11）：70-74.

［6］ 王超，骆德汉，郑魏，姚长标，廖中原. 基于 STM32 的嵌入式智能家居无线网关设计 ［J］. 计算机技术与发展，2013，23（3）：241-244.

［7］ 王娟. 基于 STM32 系列单片机的智能手势识别多功能系统 ［J］. 科技创新与应用，2020（33）：43-44.

［8］ 张淼. 基于 ZigBee 与 ARM 嵌入式系统的档案库房环境监控设计研究 ［J］. 电子设计工程，2021，29（13）：180-183.